国家示范校项目建设成果系列教材

PLC控制技术及技能训练

主　编　甄林禹

副主编　童　军　汪昌平　关　越

参　编　李　翔　郑海峰　黄　玲

　　　　杨兰平　胡达成　童　鑫

中国科学技术大学出版社

内 容 简 介

本书以三菱公司的 FX2N 系列可编程序控制器为例,以实际项目为载体,通过项目的实施,循序渐进地介绍了可编程控制器的使用方法和实际应用。全书分 4 个模块,包含 8 个项目共 26 个实训,内容涵盖了对三菱 FX2N 系列可编程控制器的软件的认识与操作;PLC 基本指令系统与编程;PLC 步进指令与编程;PLC 的高级应用等。

本书适用于普通高职院校、中职学校的机械类、自动化类、数控类各专业,也适用于各类成人高校、自学考试的学生。

图书在版编目(CIP)数据

PLC 控制技术及技能训练/甄林禹主编. —合肥:中国科学技术大学出版社,2015.4
ISBN 978 - 7 - 312 - 03579 - 1

Ⅰ. P… Ⅱ. 甄… Ⅲ. PLC 技术 Ⅳ. TM571.6

中国版本图书馆 CIP 数据核字(2014)第 231032 号

出版	中国科学技术大学出版社 安徽省合肥市金寨路 96 号,230026 http://press.ustc.edu.cn
印刷	合肥学苑印务有限公司
发行	中国科学技术大学出版社
经销	全国新华书店
开本	787 mm×1092 mm 1/16
印张	18.5
字数	473 千
版次	2015 年 4 月第 1 版
印次	2015 年 4 月第 1 次印刷
定价	36.00 元

前　言

可编程序控制器(Programmable Logic Controller,简称PLC)是一种专门应用于工业控制领域的计算机,是在继电器、接触器控制技术的基础上,综合自动控制技术、计算机技术和通信技术形成的一种新型自动控制设备。只要熟悉继电器、接触器控制原理,通过一段时间学习及训练,就可以入门,所以PLC又被人们称为"蓝领计算机"。由于PLC具有使用简单、编程灵活、工作可靠性高等优点,已经成为工业自动化领域中应用最广泛的控制装置之一。目前PLC在我国的应用相当广泛,尤其是小型PLC,采用类似继电器逻辑的过程操作语言,使用十分方便,备受电气工程技术人员的欢迎,因此掌握这门技术对维修电工、电气自动化专业的学生来说是必不可少的。

为进一步推进电气专业教育教学方法的改革,提高教学质量,我们在编写《PLC控制技术及技能训练》的过程中,以实际应用和便于教学为目标,力求突出针对性、实用性和先进性。另外,在理论介绍方面,以"够用"为原则,力求做到理论联系实际。在掌握的内容上,依据不同的教学对象,教材中规定了理论与实践的必考和抽考内容。

本书内容共分四个模块:模块一为软件的认识与操作,主要内容包括编程软件GX Developer和仿真软件GX Simulator6-C的使用;模块二为PLC基本指令系统与编程,主要内容包括PLC基本知识、PLC的基本指令及应用;模块三为PLC步进指令与编程,主要内容包括状态流程图的建立以及步进顺控指令的应用;模块四为PLC的高级应用。每个模块附有THPLC-C型实训台各种模拟装置程序、仿真习题与思考题。

本书适用于中职学校、技工院校、高职高专院校的机电一体化、电气自动化、电气专业及其他相关专业PLC的教学,也可作为企业电气工程技术及维修人员的参考书和培训教材。

本书由马鞍山技师学院甄林禹任主编,负责大纲的审定和统稿,童军、汪昌平、关越任副主编,李翔、郑海峰、黄玲、杨兰平、胡达成、童鑫参编,童鑫负责最终校对。本书在编写过程中参考了浙江天煌教仪的《THPLC-C型实验指导书》及其他有关资料,在此深表感谢。

由于时间仓促,水平有限,书中难免有不足之处,恳请读者批评指正。

编者

目 录

模块四　PLC 的高级应用

模块一

软件的认识与操作

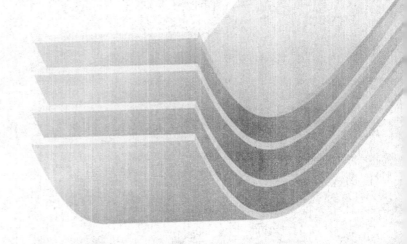

项目一

编程软件 GX Developer 的使用

实训一　编程软件的安装

【实训目标】

① 熟悉编程软件的运行环境及对计算机的配置要求；
② 掌握 GX Developer 编程软件的安装方法；
③ 能解决安装过程中的异常问题。

【实训器材】

计算机、三菱 GX Developer 编程软件。

【实训内容】

将三菱 GX Developer 编程软件安装在计算机上。

【实训步骤】

一、安装前的准备

① 将软件安装压缩包解压到 D 盘根目录或者 C 盘根目录进行安装，太深的目录容易

出错。

②　在安装程序之前,最好关闭其他应用程序,如杀毒软件、防火墙、IE、办公软件等。

二、通用环境的安装

①　打开软件下载解压包里的"GX Developer"文件夹。

②　鼠标左键双击"GX Developer"文件夹目录下的"EnvMEL"文件夹。

图1.1　"GX Developer"文件夹

图1.2　"EnvMEL"文件夹

③　双击"SETUP. EXE"图标,打开"欢迎"对话框。

④　单击"下一个"按钮,打开"信息"对话框。

图1.3　"欢迎"对话框

图1.4　"信息"对话框

⑤　单击"下一个"按钮,打开"设置"窗口,安装"通用环境"。

⑥　出现"设置完成"对话框后,单击"结束"按钮,完成"通用环境"安装。

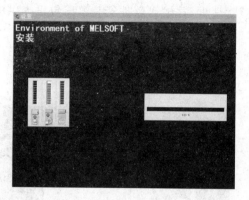 

图 1.5　"通用环境"安装窗口　　　　图 1.6　完成"通用环境"安装

三、编程软件的安装

① 打开"GX Developer"文件夹。

② 鼠标左键双击"GX Developer"文件夹目录下的"SETUP. EXE"图标，打开"欢迎"对话框。

图 1.7　"GX Developer"文件夹　　　　图 1.8　"欢迎"对话框

③ 单击"下一个"按钮，打开"用户信息"对话框，并填写用户信息。

④ 单击"下一个"按钮，打开"注册确认"对话框。

 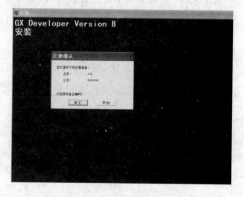

图 1.9　"用户信息"对话框　　　　图 1.10　"注册确认"对话框

⑤ 点击"是"按钮,打开"输入产品序列号"对话框,并输入软件安装解压包里提供的序列号。

⑥ 单击"下一个"按钮,打开"选择部件"对话框,根据需要钩选安装"结构化文本(ST)语言编辑功能"。

图 1.11 "输入产品序列号"对话框

图 1.12 "结构化文本(ST)语言编辑功能"选择

⑦ 单击"下一个"按钮,继续"选择部件"。不能钩选安装"监视专用 GX Developer",否则软件只有监视功能将不能进行编程。

⑧ 单击"下一个"按钮,继续"选择部件"。根据需要钩选安装对话框中的部件。

图 1.13 "监视专用 GX Developer"选择

图 1.14 选择部件

⑨ 单击"下一个"按钮,打开"选择目标位置",选择安装路径。最好使用默认的安装路径,不要更改。

⑩ 单击"下一个"按钮,安装 GX Developer 编程软件。当出现"信息"对话框后,单击"确定"按钮,完成 GX Developer 编程软件的安装。

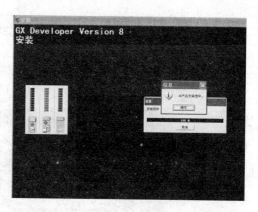

图 1.15 "选择目标位置"对话框　　　　**图 1.16 安装 GX Developer 编程软件**

四、查找及测试编程软件

点击电脑"任务栏"里的"开始"按钮,在"所有程序"里可以找到安装好的 GX Developer 编程文件,如图 1.17 所示。点击"GX Developer"打开程序,测试程序是否正常。如果程序运行正常,如图 1.18 所示;如果程序运行不正常,可能是因为操作系统的"DLL"文件或者其他系统文件丢失,一般程序会提示是因为少了哪一个文件而造成的。这种情况有两种可能,一是软件本身有问题,二是安装过程有问题。解决方法为:前者重新下载软件进行安装,后者重新安装现有软件。

图 1.17 查找安装好的编程软件　　　　**图 1.18 测试安装好的编程软件**

五、创建桌面快捷方式

点击电脑"任务栏"里的"开始"按钮,将鼠标依次移至"所有程序"→"MELSOFT 应用程序"→"GX Developer",然后在"GX Developer"上右键点击弹出"GX Developer"下拉菜单,将鼠标移至"发送到"→"桌面快捷方式"→左键点击,GX Developer 编程软件桌面快捷方式创建完成,如图 1.19 所示。

图 1.19　创建桌面快捷方式

六、安装注意事项

① 将软件安装压缩包解压到 D 盘根目录或者 C 盘根目录进行安装,太深的目录容易出错。

② 在安装软件之前,最好关掉其他应用程序,如杀毒软件、防火墙、IE、办公软件等。因为这些软件可能会调用系统的其他文件,影响安装的正常进行。

③ 三菱的大部分软件都要先安装"环境",否则不能继续安装。如果不能继续安装,系统会自动提示你需要安装环境。

④ 最好使用默认的安装路径,不要更改。

⑤ 填写用户信息时,公司名称、用户名尽量使用数字或英文,不能用中文或特殊符号。

⑥ "选择部件"选项中,建议缺省安装,特别是"监视专用 GX Developer"不能打钩,否则软件安装后不能新建工程。

【实训报告】

按照实训要求,填写实训报告。

实训二　编程软件的操作界面

【实训目标】

① 了解编程软件界面的区域构成;

② 学会编程软件的启动与退出;

③ 熟悉编程软件界面工具按钮及其功能。

【实训器材】

计算机、三菱 GX Developer 编程软件。

【实训内容】

进行三菱 GX Developer 编程软件简单的操作。

【实训步骤】

一、编程软件的界面介绍

1. 界面构成

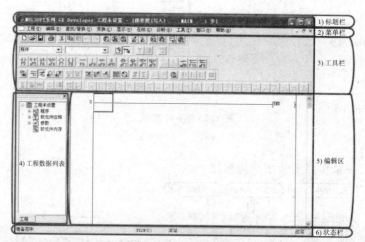

2. 各种工具
图 1.20 编程软件界面的构成

（1）标题栏

显示打开工程的名称。

图 1.21 标题栏

要批量关闭多窗口时，选择"窗口"→"全部关闭"。

（2）菜单栏

① 主菜单。显示 GX Developer 菜单的名称。

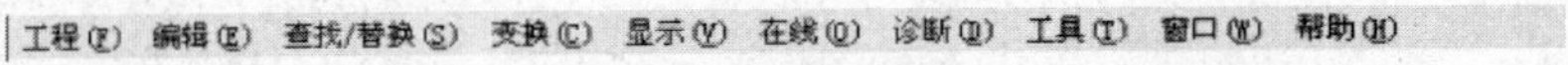

工程(E) 编辑(E) 查找/替换(S) 变换(C) 显示(V) 在线(O) 诊断(D) 工具(T) 窗口(W) 帮助(H)

图 1.22 菜单栏

② 子菜单和下拉菜单。显示 GX Developer 功能的名称。

如果选择了所需要的菜单,相应的子菜单就会显示,然后可以选择各种功能。当在菜单最右边有"▶"显示时,将光标移至该项目就会出现下拉菜单。当功能名称旁边有"…"显示时,光标移至该项目并单击鼠标左键会出现"设置"对话框。

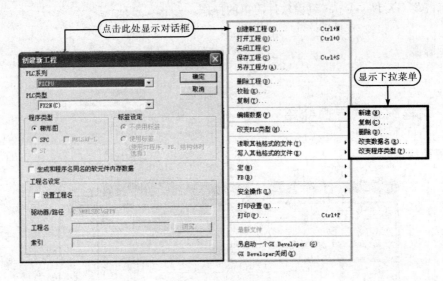

图 1.23 下拉菜单

（3）工具栏

列出了分配在菜单栏上常用功能按钮。

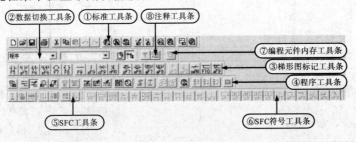

图 1.24 工具栏

① 标准工具条。由工程菜单、编辑菜单、查找/替换菜单、在线菜单、工具菜单中常用的功能组成。

② 数据切换工具条。可在程序菜单、参数、注释、编程元件内存这四个项目中切换。

③ 梯形图标记工具条。包含梯形图编辑所需要使用的常开触点、常闭触点、应用指令等内容。

④ 程序工具条。可进行梯形图模式、指令表模式的转换;进行读出模式、写入模式、监视模式、监视写入模式的转换。

⑤ SFC 工具条。可对 SFC 程序进行块变换、块信息设置、排序、

图 1.25 工程数据列表

块监视操作。

⑥ SFC 符号工具条。包含 SFC 程序编辑所需要使用的步、块启动步、选择合并、平行等功能键。

⑦ 编程元件内存工具条。进行编程元件的内存设置。

⑧ 注释工具条。可进行注释范围设置或对公共/各程序的注释进行设置。

（4）工程数据列表

以分类列表方式显示工程数据。显示程序、编程元件注释、参数、编程元件内存等内容，可实现这些项目数据的设定。

可以直接调用梯形图创建对话框及其他对话框。

（5）编辑区

进行程序的编辑、修改和监控。

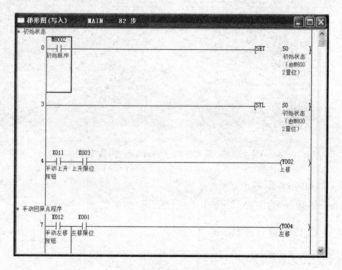

图 1.26　操作编辑区

（6）状态栏

提示当前的操作：显示 PLC 类型以及当前操作状态等。

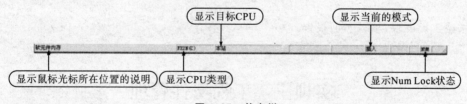

图 1.27　状态栏

（7）显示快捷菜单

通过点击鼠标右键弹出关于当前作业的菜单，可以提高工作效率。

当对梯形图和注释进行编辑时，可以从这个菜单中选择"剪切"、"复制"、"粘贴"以及"软元件查找"。

二、编程软件的启动与退出

1. 启动 GX Developer 编程软件

① 双击电脑桌面上"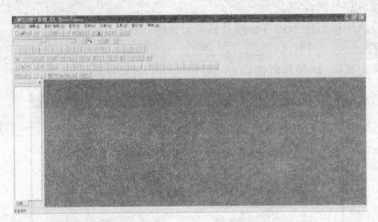"快捷方式图标,启动 GX Developer 编程软件。

② 从"开始"里选择"所有程序"→"MELSOFT 应用程序"→"GX Developer"启动 GX Developer 编程软件。

图 1.28　启动 GX Developer 编程软件

2. 退出 GX Developer 工程

① 单击"工程"菜单下的"GX Developer 关闭"命令。

② 双击标题栏上的"　"图标。

③ 单击标题栏上的"✕"按钮。

以上三种方式均可退出 GX Developer 工程。

【实训报告】

按照实训要求,填写实训报告。

实训三　工程文件管理

【实训目标】

① 了解主菜单栏中"工程"菜单的内容;

② 熟悉"工程"子菜单及下拉菜单项的功能;

③ 熟练掌握工程文件管理的操作步骤。

【实训器材】

计算机、三菱 GX Developer 编程软件。

【实训内容】

使用三菱 GX Developer 编程软件创建工程文件，并对工程文件进行合理的管理。

【实训步骤】

一、创建新工程

1. 创建新工程操作步骤

① 选择"工程"→"创建新工程"；或者按"Ctrl＋N"键；或者单击常用工具栏中的" ⬜ "工具，创建新工程。

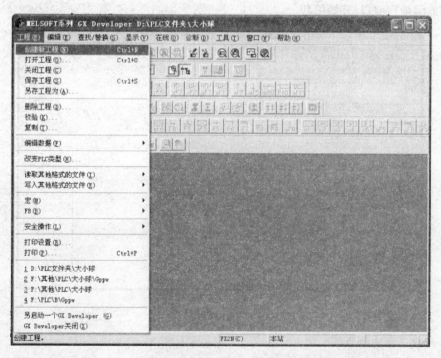

图 1.29　"创建新工程"子菜单

② 在出现的"创建新工程"对话框中，选择 PLC 系列、类型和程序类型。如 FX2N 系列选择"FXCPU"，PLC 类型选择"FX2N(C)"，程序类型选择"梯形图"。单击"确定"按钮或按回车键即可。单击"取消"按钮，将取消这次操作。

③ 钩选"设置工程名"复选框,在规定的位置,设置驱动器/路径(存放工程文件的文件夹)、工程名、索引。如图 1.30 所示。

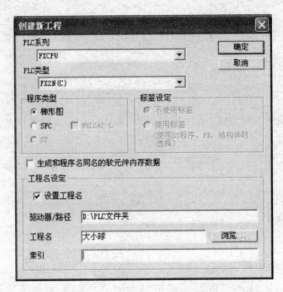

图 1.30 "创建新工程"对话框

2. 显示编程窗口,开始编程

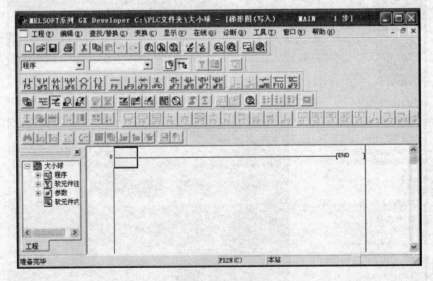

图 1.31 编程窗口

3. 新建工程注意事项

① 新建工程后,各个数据及数据名:

程序:MAIN;注释:COMMENT(通用注释);参数:PLC 参数、网络参数(限于 A 系列、QnA/Q 系列)。

② 当生成多个程序或同时启动多个 GX Developer 时,计算机的资源可能不够用而导致画面不正常,此时应重新启动 GX Developer 或者关闭其他应用程序。

③ 当未指定驱动器/路径名(空白)就保存工程时,GX Developer 可自动在默认设定的

驱动器/路径中保存工程。

二、打开工程

① 选择"工程"→"打开工程";或者按"Ctrl＋O"键;或者单击常用工具栏中的"🖿"工具,弹出"打开工程"对话框。

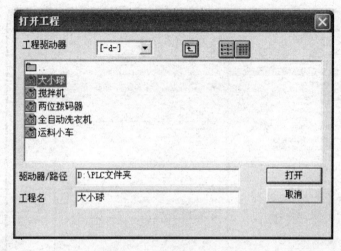

图 1.32 "打开工程"对话框

② 选择所存工程驱动器/路径和工程名,单击"打开",进入编程窗口。若单击"取消",则重新选择。

③ 选择工程后将打开"梯形图编辑"窗口,即可编辑程序或与 PLC 进行通信等操作。

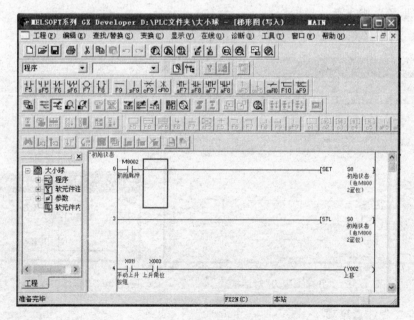

图 1.33 "梯形图编辑"窗口

三、保存工程

1. 保存工程操作步骤

① 选择"工程"→"保存工程";或者按"Ctrl＋S"键;或者单击常用工具栏中的" ■ "工具,弹出"另存工程为"对话框。

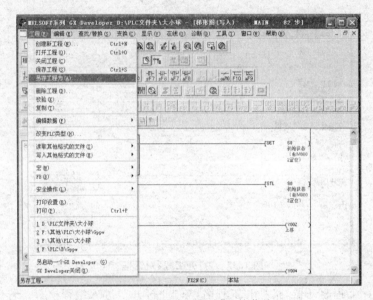

图 1.34　"另存工程为"下拉菜单

② 选择所存工程驱动器/路径和输入工程名,单击"保存",出现"新建工程确认"对话框;若单击"取消",则重新选择操作。

③ 单击"是",确认新建工程,进行存盘;单击"否",返回上一对话框。

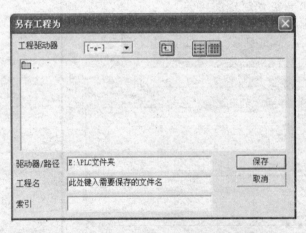

图 1.35　"另存工程为"对话框

图 1.36　"新建工程确认"对话框

2. 保存工程注意事项

① 如果是打开以前的工程文件进行编辑,保存工程时,将会覆盖原先编辑的工程文件;如果是新建工程,按图 1.34、图 1.35 和图 1.36 操作即可。

② 当打开以前的工程文件进行编辑,修改后如果要保留原工程文件,可以用"另存工程为"选项将工程文件改名后保存在当前目录,此功能还可以将工程保存到其他目录。

四、关闭工程

1. 关闭工程操作步骤

① 选择"工程"→"关闭工程",开始关闭工程。

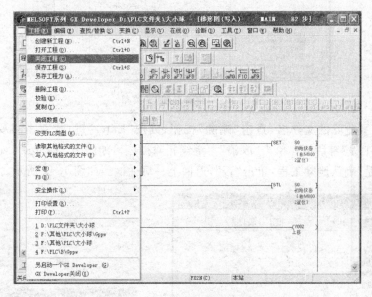

图 1.37 "关闭工程"下拉菜单

② 在"退出确认"对话框中单击"是"退出工程;若单击"否",则返回编辑窗口。如图 1.38 所示。

2. 关闭工程注意事项

当未设定工程名或者正在编辑时选择"关闭工程",将会弹出一个询问对话框,希望保存当前工程时应单击"是"按钮,否则应单击"否"按钮;如果需要继续编辑,则单击"取消"按钮。如图 1.39 所示。

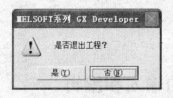

图 1.38 "退出确认"对话框　　图 1.39 "是否保存工程"选择对话框

五、删除工程

1. 删除工程操作步骤

① 选择"工程"→"删除工程",弹出"删除工程"对话框。

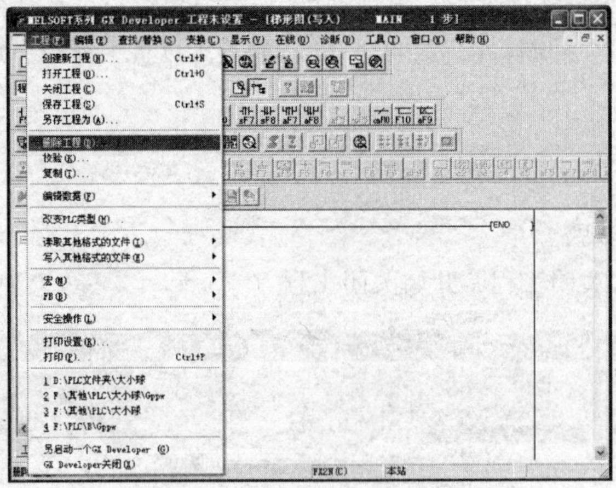

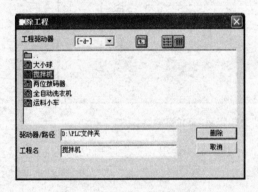

图1.40 "删除工程"子菜单

② 单击将要删除的文件名,点击"删除"按钮;或按"Enter"键;或双击将要删除的文件名,弹出"删除工程"对话框。单击"取消"不继续删除操作。如图1.41所示。

③ 单击"是"确认删除工程,单击"否",返回上一对话框。如图1.42所示。

图1.41 "删除工程"对话框　　　　图1.42 "确认删除工程"对话框

【实训报告】

按照实训要求,填写实训报告。

实训四　程序的输入和编辑

【实训目标】

① 了解指令表和梯形图程序的转换;
② 理解梯形图"变换"的概念;

③ 掌握输入梯形图的操作方法。

【实训器材】

计算机、三菱 GX Developer 编程软件。

【实训内容】

利用快捷键和键盘输入指令,进行三菱 GX Developer 工程的编辑以及工程的修改。

【实训步骤】

一、创建梯形图程序

创建如图 1.43 所示的梯形图程序。

图 1.43　梯形图示例

1. 输入梯形图的方法

① 利用"梯形图标记"工具条(见图 1.44)中的快捷键输入。

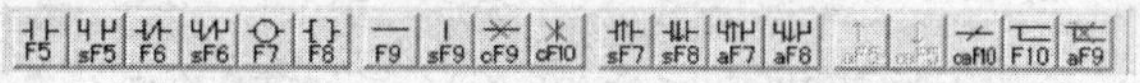

图 1.44　"梯形图标记"工具条

② 直接用键盘输入。

2. 输入梯形图

① 利用"梯形图标记"工具条中的快捷键输入。

点击"F5"按钮,则出现一个如图 1.45 所示的对话框,在对话框中输入"X0",点击"确定"按钮或按"Enter"键(回车键),则触点输入。用上述同样的方法,可以输入其他的常开、常闭触点、输出线圈等。

② 直接用键盘输入。

直接从键盘输入方便、效率高。首先使光标处于第一行的首端,在键盘上直接输入"ld x0"(ld 与 x0 间需空格),出现如图 1.46 所示对话框,按回车键则程序输入;输入"out y0",按回车键线圈输出;输入"or y0",再单击回车键,第一条指令输入完毕。用上述类似的方法,完成其他指令的输入。

图 1.45 "梯形图标记"工具条快捷输入　　　图 1.46 直接用键盘输入

所有指令输入完毕后,程序窗口中将显示已输入完的指令梯形图,至此完成程序的创建。

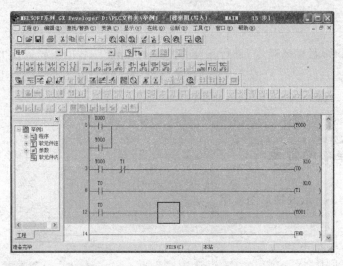

图 1.47 程序窗口显示完成的梯形图

3. 输入梯形图注意事项

① 用键盘输入时,可以不管程序中各触点的连接关系,常开触点用 LD,常闭触点用 LDI,线圈用 OUT,功能指令直接输入助记符和操作数,但要注意助记符和操作数之间用空格隔开。

② 对于出现分支、自锁等关系,可以直接用竖线补上。

二、梯形图编辑操作

在输入梯形图时,常需要对梯形图进行编辑,如插入、删除等操作。

1. 触点的修改、添加和删除

① 修改:光标移在需要修改的触点上,用键盘直接输入新的触点,单击回车键即可,新的触点将覆盖原来的触点。也可以把光标移到需要修改的触点上,双击后出现一个对话框,在对话框输入新触点的标号,按回车键即可。

图 1.48 触点的修改

② 添加:把光标移在需要添加触点的位置上,直接输入新的触点,按回车键即可。

③ 删除:把光标在需要删除的触点上,按键盘"Delete"键即可删除,再点击"梯形图标记"工具条中的" ― (F9) "按钮或按键盘"F9"键,按回车键,用直线覆盖原来的触点。

2. 行插入和行删除

在进行程序编辑时,通常要插入或删除一行或几行程序。

① 行插入:先将光标移到要插入行的地方,点击"编辑"弹出下拉菜单,再点击"行插入",则在光标处出现一个空行,就可以输入一行程序。用同样的方法,可以继续插入行。

② 行删除:先将光标移到要删行的地方,点击"编辑"弹出下拉菜单,再点击"行删除",就删除了一行。用同样的方法可以继续删除。注意:"END"是不能删除的。

三、梯形图的变换及保存操作

程序通过编辑以后,计算机界面的底色是灰色的(图1.47),要通过转换变成白色才能传送到 PLC 中。

1. 梯形图的变换

① 直接按键盘上的功能键"F4"。

② 点击主菜单栏中的"变换"→弹出下拉菜单→下拉菜单中点击"变换"。

梯形图中如有编程结构上的错误,线路出错区域会保持灰色,请检查线路。

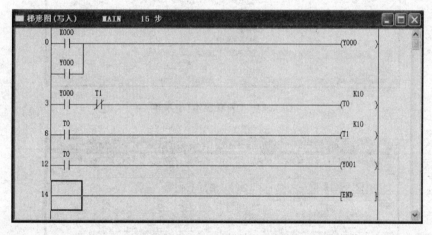

图 1.49 变换后的梯形图(白色)

2. 梯形图的保存

编辑好的程序先通过变换以后才能保存。如果在未完成变换的情况下关闭梯形图窗口,会出现提示窗口,点击"是"按钮,新创建的梯形图将被删除;点击"否"按钮,回到梯形图编辑窗口。

图 1.50 "梯形图未变换"提示框

四、指令表和梯形图程序的转换

1. 指令表状态下的编辑

执行主菜单栏中的"显示"→"列表显示"子菜单或点击程序工具条上的"▧"按钮,可实现指令表状态下的编辑。

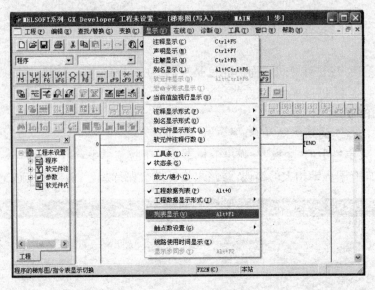

图 1.51 "列表显示"子菜单

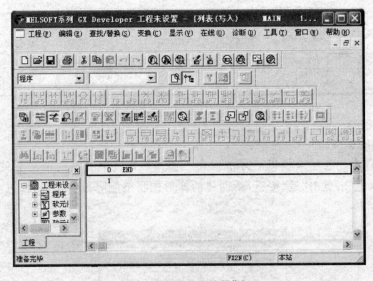

图 1.52 "梯形图编辑"窗口

2. 指令表和梯形图程序的转换

通过执行主菜单栏中的"显示"→"列表显示"→"梯形图显示"下拉菜单或连续点击"程序"工具条上的"▧"按钮,可实现指令表写入与梯形图写入状态之间的转换。

如将图 1.49 所示的梯形图转换成指令表,见图 1.53 所示。

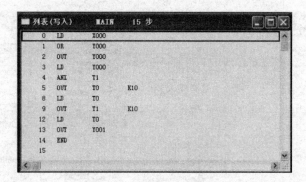

图 1.53　指令表编辑窗口

【实训报告】

按照实训要求，填写实训报告。

实训五　程序的检查、传送与监控

【实训目标】

① 了解主菜单栏中"在线"菜单的内容；
② 熟悉"在线"子菜单和下拉菜单项的功能；
③ 掌握程序传送的操作要领。

【实训器材】

计算机、三菱 GX Developer 编程软件。

【实训内容】

将编程完成后的三菱 GX Developer 工程进行 PLC 下载。

【实训步骤】

一、程序的检查

① 执行主菜单栏中的"工具"→"程序检查"选项。

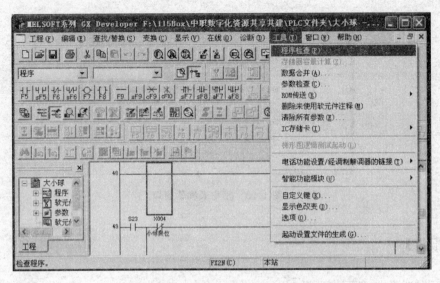

图1.54 "程序检查"菜单

② 在弹出的窗口中选择相应的检查内容,然后点击"执行"按钮,实现对程序的检查。如图1.55所示。

图1.55 "程序检查"窗口

二、程序的传送

1. 程序的写入

PLC在"STOP"模式下,将计算机中的程序传送到PLC中(PC→PLC)。

点击主菜单栏中的"在线"子菜单,在子菜单中点击"PLC写入";或单击工具栏上的" "按钮,将现有程序写入相应类型的PLC中。

① 选择"PLC写入"子菜单,打开"PLC写入"对话框。

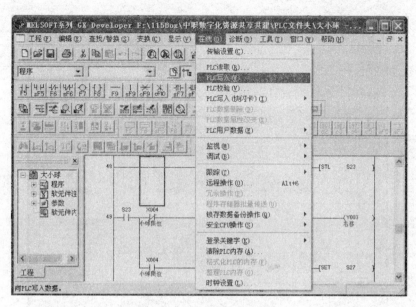

图 1.56　"PLC 写入"子菜单

② 在"PLC 写入"对话框中,依次点击"文件选择"→"参数＋程序"或"选择所有"按钮,选择写入内容。

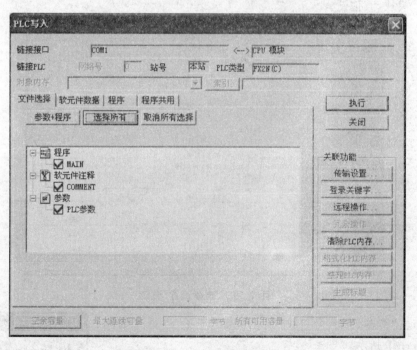

图 1.57　"写入内容选择"窗口

③ 在"PLC 写入"对话框中,依次点击"程序"按钮,在"指定范围"下拉框中选择"步范围",写入步数。结束步序是"MAIN 步序数－1"。

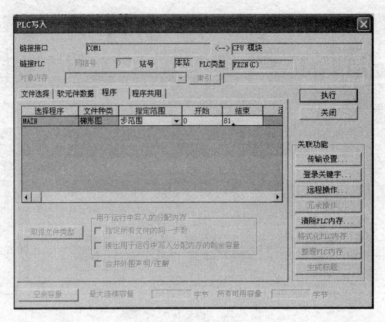

图 1.58 "程序步选择"窗口

④ 在"PLC 写入"对话框中,点击"传输设置"按钮,打开"传输设置"对话框。设置 PLC 通信接口、模块、其他站。

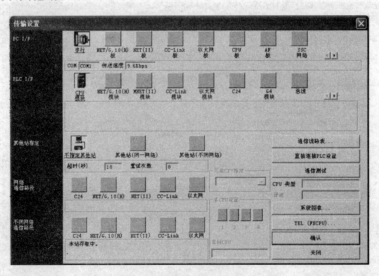

图 1.59 "传输设置"窗口

⑤ 点击"传输设置"窗口中"通信测试"按钮,进行通信测试。如图 1.60 所示。

⑥ 点击"传输设置"窗口中"系统图像"按钮,核对系统构成图像。

图 1.60 通信测试

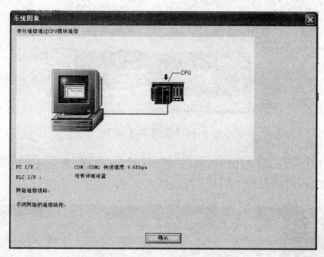

图 1.61 核对系统构成图像

⑦ 点击"确认"按钮,返回到"传输设置"窗口;再点击"确认"按钮,返回到"PLC 写入"窗口;点击"执行"按钮,选择是否执行写入。如图 1.62 所示。

⑧ 选择"是",开始写入 PLC。如图 1.63 所示。

⑨ 当出现"已完成"时,点击"确定"按钮退出。如图 1.64 所示。

图 1.62 "选择是否执行"对话框

图 1.63 写入 PLC

图 1.64 写入完成

2. 程序的读取

PLC 在"STOP"模式下,将 PLC 中的程序传送到计算机中(PLC→PC)。

启动编程软件,打开一个空窗口,然后点击主菜单栏中的"在线"弹出子菜单,在子菜单中点击"PLC 读取"或点击工具栏上的"📖"按钮。

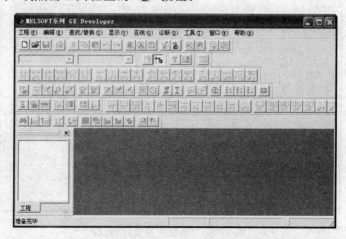

图 1.65 进入软件窗口

① 选择"PLC 读取"子菜单,选择 PLC 系列。本例选择 FXCPU。

图 1.66 选择 PLC 系列

② 在"选择 PLC 系列"对话框中,点击"确定"按钮,弹出"传输设置"窗口。设置 PLC 通信接口、模块、其他站,并能进行 PLC 写入。

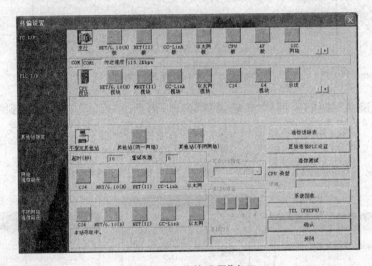

图 1.67 "传输设置"窗口

③ 在"传输设置"窗口中,点击"确认"按钮,弹出"写入内容选择"窗口。内容设定同 PLC 写入。

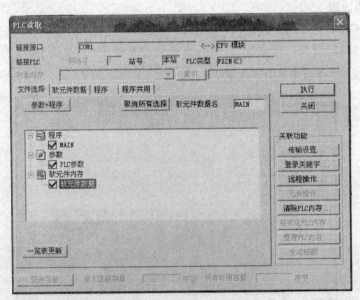

图 1.68 "读取内容设定"窗口

④ 在"读取内容设定"窗口中,点击"程序",读取程序步数不能设定,应选择"全范围"。

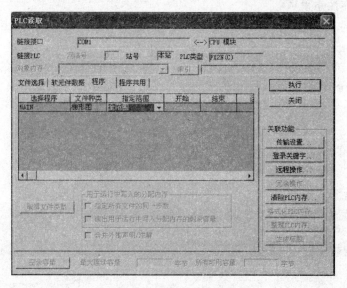

图 1.69 读取程序步数设定

⑤ 单击"执行"按钮,选择"是否进行读取"。如图 1.70 所示。

⑥ 点击"是",读取数据。如图 1.71 所示。

⑦ 出现"已完成"对话框,点击"确定"按钮。如图 1.72 所示。

图 1.70 "是否执行读取"对话框　图 1.71 "读取数据"窗口　图 1.72 "已完成"对话框

读出的程序显示到编辑窗口中。

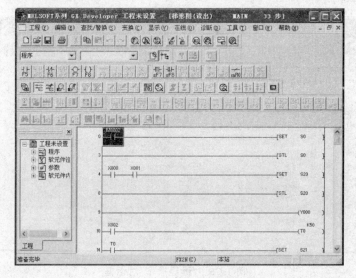

图 1.73 读取的梯形图程序

3. 传送程序注意事项

① 计算机的 RS232C 端口及 PLC 之间必须用指定的缆线及转换器连接。

② PLC 必须在"STOP"模式下,才能执行程序传送。

③ 执行完"PLC 读取"后,计算机的程序将丢失,原有的程序将被读入的程序所替代。

④ 在执行"PLC 写入"时,程序必须在 RAM 或 EE-PROM 内存中保护关断的情况下写入。

三、程序的运行及监控

1. 程序的运行

① 执行主菜单栏中"在线"→"远程操作"命令,弹出"远程操作"对话框。

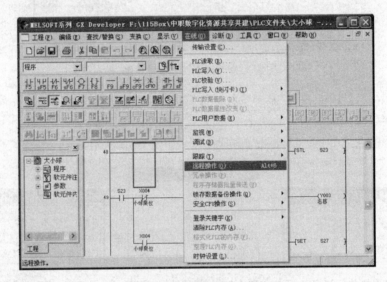

图 1.74 "远程操作"子菜单

② 在"远程操作"对话框中,将 PLC 设为"RUN"模式,程序运行。

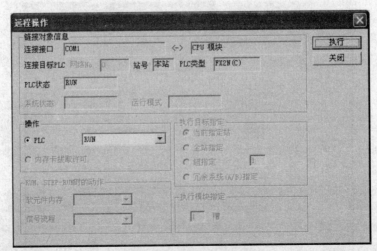

图 1.75 "远程操作"对话框

2. 程序的监控

（1）梯形图监控

点击主菜单栏中的"在线"→"监视"→"监视开始（全画面）"，弹出"梯形图监视"窗口。

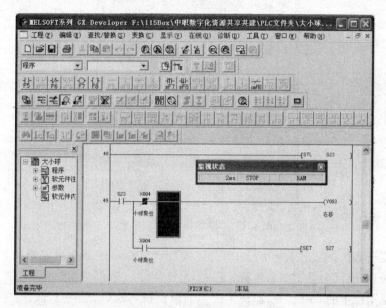

图 1.76 "梯形图监视"窗口

"梯形图监视"窗口中，触点为蓝色表示触点闭合；线圈括弧为蓝色，表示线圈得电；定时器、计数器设定值在其上部，当前值在其下部。

停止监控，执行主菜单栏中的"在线"→"监视"→"监视停止（全画面）"即可。

（2）元件监控

强制元件 ON/OFF。执行主菜单栏中"在线"→"调试"→"软元件测试"，弹出"软元件测试"对话框。

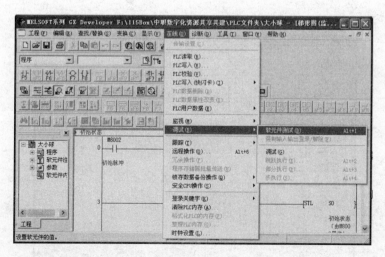

图 1.77 "软元件测试"下拉菜单

在"位软元件"组框中的"软元件"输入框中输入元件的符号或地址号，然后点击"强制 ON"或"强制 OFF"按钮，分别强制该元件为 ON 和 OFF。

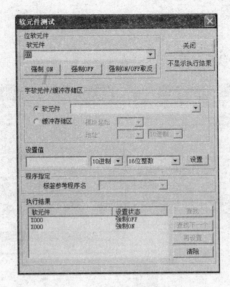

图 1.78 "软元件测试"对话框

当前值监视切换。点击主菜单栏中的"在线"→"监视"→"当前值监视切换（10 进制）"命令，字元件当前值以十进制显示数值。

执行主菜单栏中的"在线"→"监视"→"当前值监视切换（16 进制）"命令，字元件当前值以十六进制显示数值。

四、程序的调试

将制作的程序写入 PLC 的 CPU 内，通过软元件测试来调试程序。

1. 操作步骤

① 执行主菜单栏中的"在线"→"监视"→"监视模式"命令，将测试程序置于"监视"模式（为了便于观察）。

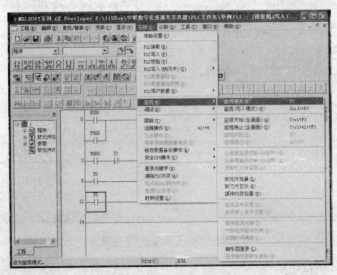

图 1.79 "监视模式"下拉菜单

② 执行主菜单栏中的"在线"→"调试"→"软元件测试",弹出"软元件测试"对话框。

③ 在"软元件测试"对话框中输入"X0",单击"强制 ON"按钮,将 X0 强制后,Y1 就置 ON(Y1 处梯形图符号变成蓝色)。其余同理。

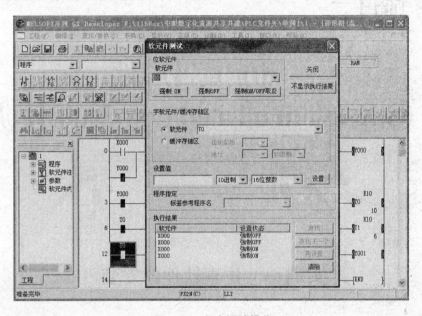

图 1.80　程序调试操作

2. 修改程序错误

① 一般错误:运行的结果与设计的要求不一致,需要修改程序。

先执行主菜单栏中"在线"→"远程操作"命令,将 PLC 设置为"STOP"模式,再执行"编辑"→"写入模式"命令,修改程序,直到程序正确。

② 致命错误:PLC 停止运行,PLC 上的 ERROR 灯点亮,需要修改程序。

先执行"在线"→"清除 PLC 内存"命令,将 PLC 内的错误全部清除后,再修改程序,直至程序正确。

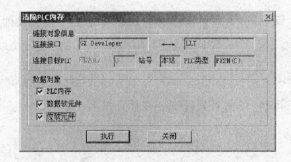

图 1.81　清除 PLC 内存操作

【实训报告】

按照实训要求,填写实训报告。

 项目二

 仿真软件
GX Simulator6-C的使用

实训一　仿真软件的安装

【实训目标】

① 掌握 GX Simulator6-C 仿真软件的安装方法；
② 能解决安装过程中的异常问题。

【实训器材】

计算机、三菱 GX Developer 编程软件、GX Simulator6-C 仿真软件。

【实训内容】

将三菱 GX Simulator6-C 仿真软件安装在计算机上。

【实训步骤】

一、安装前的准备

① 在安装仿真软件 GX Simulator6-C 之前，必须先安装编程软件 GX Developer。
② 在安装程序之前，最好关闭其他应用程序，如杀毒软件、防火墙、IE、办公软件等。

二、仿真软件的安装

① 打开"GX Simulator6-C"文件夹。如图 2.1 所示。

② 鼠标左键双击"GX Simulator6-C"文件夹目录下的"SETUP.EXE"图标,弹出"安装"对话框。如图 2.2 所示。

图 2.1　"GX Simulator6-C"文件夹

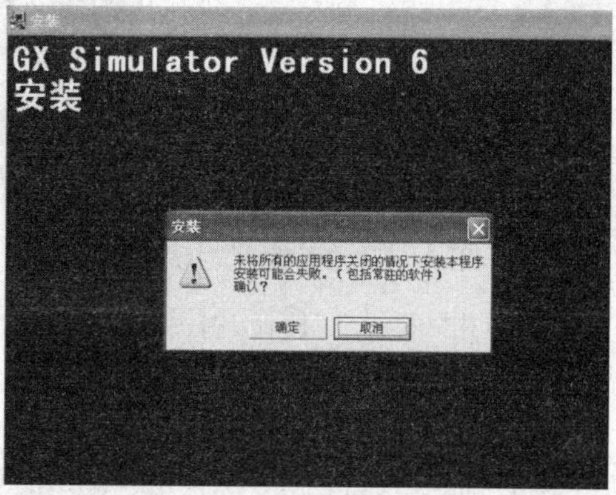

图 2.2　"安装"对话框

③ 点击"确定"按钮,打开"欢迎"对话框。如图 2.3 所示。

④ 单击"下一个"按钮,打开"用户信息"对话框,并填写用户信息。如图 2.4 所示。

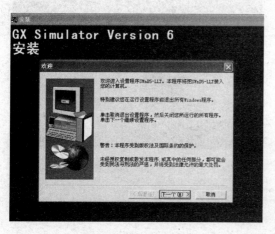

图 2.3　"欢迎"对话框

图 2.4　"用户信息"对话框

⑤ 单击"下一个"按钮,打开"注册确认"对话框。如图 2.5 所示。

⑥ 点击"是"按钮,打开"输入产品序列号"对话框,并输入软件安装解压包里提供的序列号。如图 2.6 所示。

图 2.5 "注册确认"对话框　　　　　　图 2.6 "输入产品序列号"对话框

⑦ 单击"下一个"按钮,打开"选择目标位置",选择安装路径。最好使用默认的安装路径,不要更改。如图 2.7 所示。

⑧ 单击"下一个"按钮,安装 GX Simulator6-C 仿真编程软件。当出现"信息"对话框后,单击"确定"按钮,完成 GX Simulator6-C 仿真编程软件的安装。如图 2.8 所示。

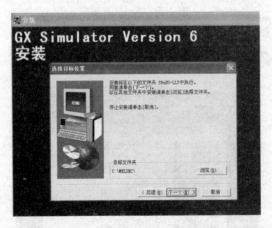

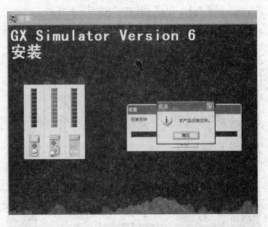

图 2.7 "选择目标位置"对话框　　　　图 2.8 安装 GX Simulator6-C 仿真编程软件

三、安装注意事项

① 在安装仿真软件 GX Simulator6-C 之前,必须先安装编程软件 GX Developer。

② 在安装软件之前,最好关掉其他应用程序,如杀毒软件、防火墙、IE、办公软件等。因为这些软件可能会调用系统的其他文件,影响安装的正常进行。

③ 最好使用默认的安装路径,不要更改。如果更改了安装路径,则必须和编程软件 GX Developer 安装在同一个目录下。

④ 填写用户信息时,公司名称、用户名尽量使用数字或英文,不能用中文或特殊符号;同时应和安装编程软件时保持一致。

【实训报告】

按照实训要求,填写实训报告。

实训二 仿真软件的启动与退出

【实训目标】

① 了解 GX Simulator6-C 初始画面的内容;
② 掌握仿真软件的启动与退出方法。

【实训器材】

计算机、三菱 GX Developer 编程软件、GX Simulator6-C 仿真软件。

【实训内容】

使用三菱 GX Simulator6-C 仿真软件进行工程的模拟下载以及仿真工程退出。

【实训步骤】

一、启动 GX Simulator6-C

① 启动 GX Developer 编程软件,新建或打开一个工程。

图 2.9 启动 GX Developer 编程软件

② 选择主菜单栏的"工具"菜单,单击"梯形图逻辑测试启动(L)"子菜单;或单击工具栏上的梯形图逻辑测试启动按钮"▣",启动梯形图逻辑测试。

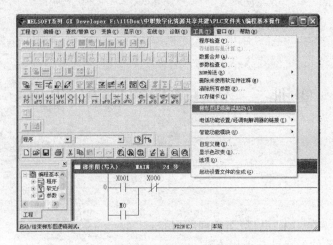

图 2.10　由菜单栏启动梯形图逻辑测试

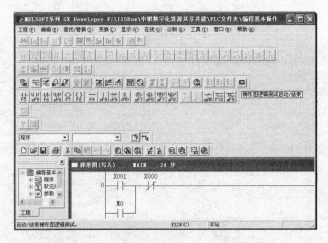

图 2.11　由工具栏启动梯形图逻辑测试

③ 开始启动测试工具,模拟写入 PLC。

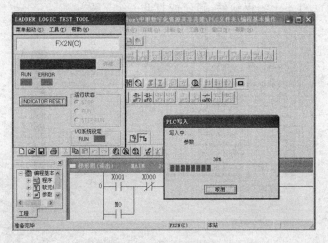

图 2.12　模拟写入 PLC

④ 启动完成,"RUN"指示变成黄色。

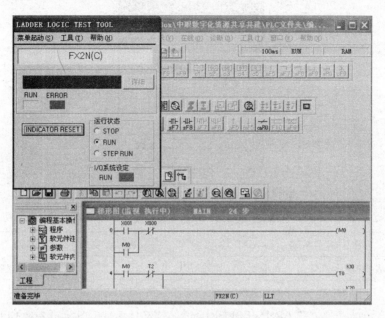

图 2.13　启动完成

⑤ 选择测试工具的"菜单启动"菜单,单击"继电器内存监视"。如图 2.14 所示。

⑥ 进入"软元件监控"窗口后,即可进行软元件内存监视。如图 2.15 所示。

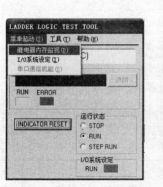

图 2.14　继电器内存监视

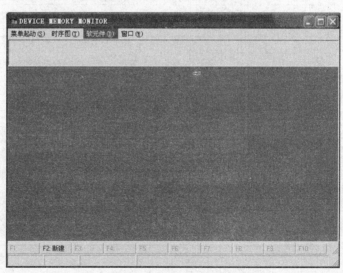

图 2.15　软元件内存监视

二、初始画面说明

启动 GX Simulator6-C 仿真软件,会显示 GX Simulator6-C 初始画面的值,如图 2.16 所示,说明如表 2.1 所示。

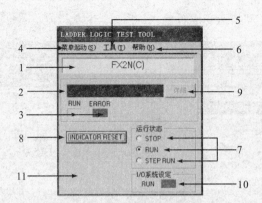

图 2.16　GX Simulator6 - C 初始画面

表 2.1　初始画面说明

序号	名　称	内　容
1	表示 CPU 类型	表示现在选择的 CPU 类型
2	LED 表示器	能够表示 16 个字符,对应各 CPU 运行错误时表示内容
3	运行状态表示 LED	RUN/ERROR:QnA、A、FX、Q 系列 CPU,动作控制 CPU 功能都有效
4	菜单启动	通过菜单启动,软元件存储器监视,I/O 系统设定,串行通信功能成为可能
5	工具	通过工具菜单,运行工具功能
6	帮助	表示 GX Simulator 的登录者姓名,软件的版本
7	运行状态表示和设定	表示 GX Simulator 的运行状态,运行状态的变更,通过单击空白圆点进行
8	LED 复位按钮	单击一下,进行 LED 表示的清除
9	错误详细表示按钮	通过单击,表示发生的错误内容、错误步、错误文件名[仅在 QnA、Q 系列(Q 模式)CPU 功能时表示]
10	I/O 系统设定	I/O 系统设定运行中 LED 点亮,通过双击,表示现在的 I/O 系统设定的内容
11	未支持情报表示灯	仅表示 GX Simulator 未设定的指令,双击支持情报灯,就显示变换成"NOP"指令的未支持指令和其程序名、步号

三、退出 GX Simulator6 - C

　　选择主菜单栏的"工具"菜单,单击"梯形图逻辑测试结束"子菜单;或单击工具栏上的梯形图逻辑测试启动/结束按钮" ▣ ",结束梯形图逻辑测试,退出 GX Simulator6 - C 的运行。

　　① 单击"梯形图逻辑测试结束"子菜单,开始退出模拟测试程序。如图 2.17 所示。

② 点击"确定"按钮,正常结束梯形图逻辑测试。如图 2.18 所示。

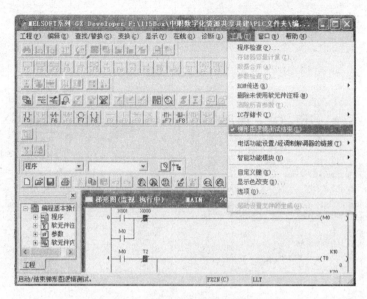

图 2.17 单击"梯形图逻辑测试结束"子菜单   图2.18 结束梯形图逻辑测试

【实训报告】

按照实训要求,填写实训报告。

实训三 仿真软件的基本操作

【实训目标】

① 了解监视软元件存储器监视测试功能;

② 理解 GX Simulator6-C,能够实现离线调试功能;

③ 掌握 GX Simulator6-C 仿真软件的基本操作方法。

【实训器材】

计算机、三菱 GX Developer 编程软件、GX Simulator6-C 仿真软件。

【实训内容】

使用三菱 GX Simulator6-C 仿真软件进行工程的仿真运行。

【实训步骤】

一、启动 GX Developer

点击"开始"→"所有程序"→"MELSOFT 应用程序"→" GX Developer",打开 GX Developer 编程软件。

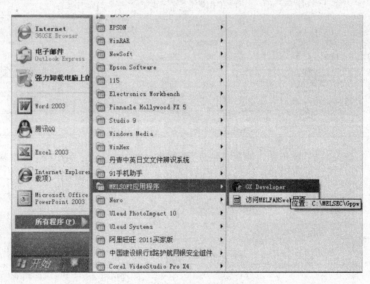

图 2.19　启动 GX Developer

二、创建新工程

单击主菜单栏中的"工程"→"创建新工程",打开"创建新工程"对话框,选择 PLC 系列、类型、程序类型,设置工程名。

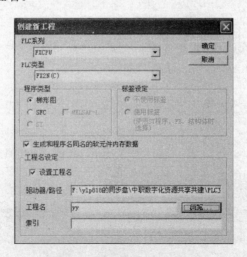

图 2.20　"创建新工程"对话框

三、编写梯形图

编写一个梯形图。

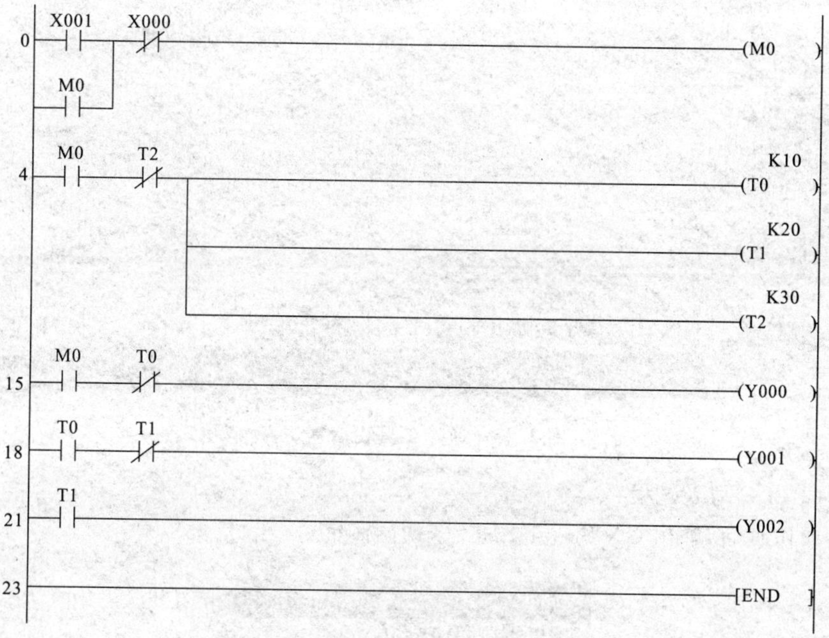

```
      X001   X000
0  ───┤├─────┤/├─────────────────────────────────────────( M0   )
       M0
     ───┤├───
      M0    T2                                             K10
4  ───┤├────┤/├──────┐                                  ───( T0   )
                     │                                     K20
                     ├─────────────────────────────────( T1   )
                     │                                     K30
                     └─────────────────────────────────( T2   )
      M0    T0
15 ───┤├────┤/├───────────────────────────────────────────( Y000 )
      T0    T1
18 ───┤├────┤/├───────────────────────────────────────────( Y001 )
      T1
21 ───┤├──────────────────────────────────────────────────( Y002 )

23 ────────────────────────────────────────────────────────[END ]
```

图 2.21 编写梯形图

四、启动仿真模拟 PLC 写入过程

1. 启动仿真

① 通过主菜单栏上的"工具"启动仿真。

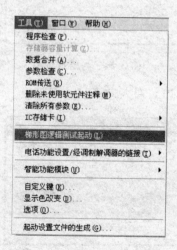

图 2.22 通过主菜单栏启动仿真

② 通过工具栏中" ▣ "按钮启动仿真。

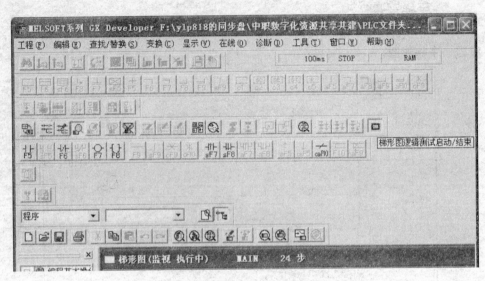

图 2.23 通过工具栏启动仿真

2. 模拟 PLC 写入过程

① 启动仿真后,弹出 GX Simulator6 - C 初始画面。

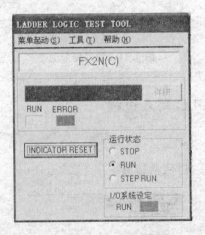

图 2.24 初始画面

② 程序开始在电脑上模拟 PLC 写入过程。

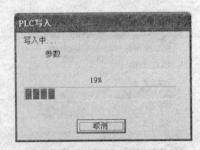

图 2.25 模拟 PLC 写入

3. 程序开始运行

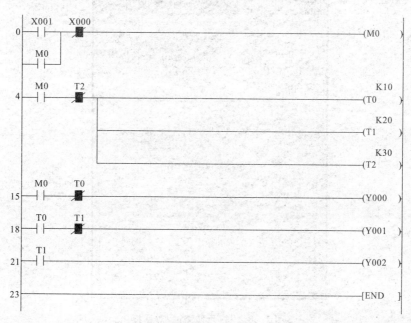

图 2.26　程序开始运行

五、软元件测试

① 点击工具栏中"在线(O)"→"调试(B)"→"软元件测试(D)";或者直接点击"软元件测试"快捷键。

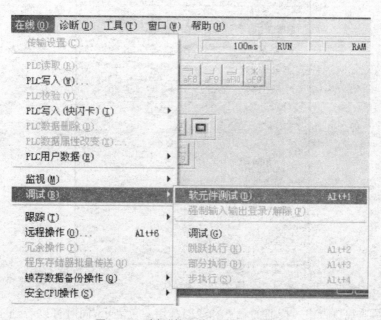

图 2.27　选择"软元件测试"下拉菜单

② 弹出"软元件测试"对话框。

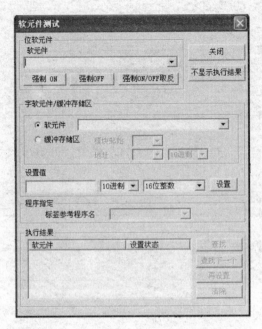

图 2.28 "软元件测试"对话框

③ 在"软元件测试"对话框"位软元件"栏中输入要强制的位元件。如 X0,需要把该元件置 ON,就点击"强制 ON"按钮;如需要把该元件置 OFF,就点击"强制 OFF"按钮。同时"执行结果"栏中显示被强制的状态。

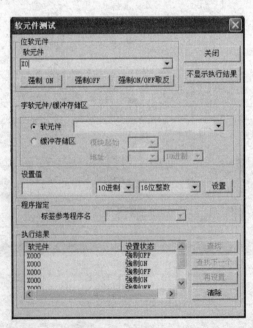

图 2.29 强制软元件

④ 梯形图监视执行中。接通的触点和线圈都用蓝色表示,同时可以看到字元件的数据在变化。

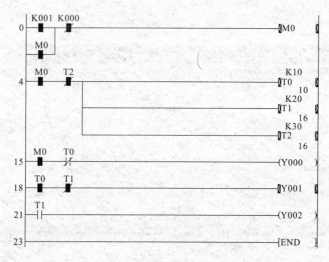

图 2.30　梯形图监视执行

六、各位元件的监控和时序图监控

1. 位元件监控

① 点击 GX Simulator6‐C 初始画面的"菜单起动(S)"→"继电器内存监视(D)"下拉菜单。

图 2.31　"继电器内存监视"下拉菜单

② 在弹出的窗口中,点击"软元件(D)"→"位元件窗口(B)"→"Y"。

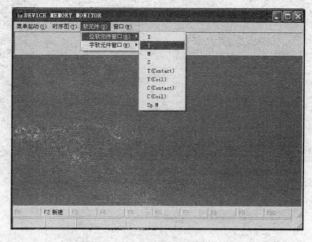

图 2.32　"位元件窗口"下拉菜单

③ 弹出"Y"窗口。

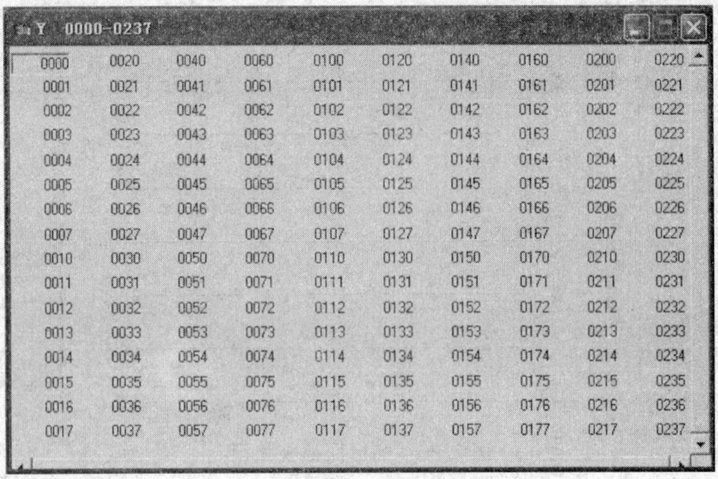

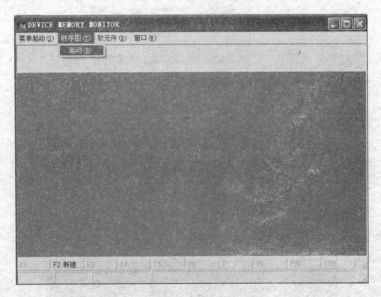

图 2.33 "Y"窗口

如图即可监视到所有输出 Y 的状态,置 ON 的为黄色,处于 OFF 状态的不变色。用同样的方法,可以监视到 PLC 内所有元件的状态。对于位元件,用鼠标双击,可以强置 ON,再双击,可以强置 OFF;对于数据寄存器 D,可以直接置数;对于 T、C 也可以修改当前值,因此调试程序非常方便。

2. 时序图监控

① 点击 GX Simulator6-C 初始画面的"菜单起动(S)"→"时序图(T)"→"起动(R)"下拉菜单。

图 2.34 "时序图-起动"下拉菜单

② 出现"时序图监控"窗口。

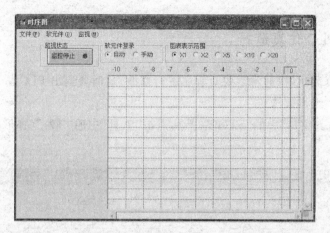

图 2.35 "时序图-监控停止"窗口

③ 在"时序图监控"窗口中点击"监控停止"按钮,开始监控。

图 2.36 "时序图-正在监控"窗口

可以看到程序中各元件的变化时序图。

七、PLC 的停止和运行

选择 GX Simulator6-C 初始画面"运行状态"下的"STOP",PLC 就停止运行,再选择"RUN",PLC 又运行。

图 2.37 PLC 初始画面"运行状态"窗口

八、退出 PLC 仿真运行

在对程序仿真测试时,通常需要对程序进行修改,这时要退出 PLC 仿真运行,重新对程序进行编辑修改。退出方法:

① 先点击"仿真窗口"中的"STOP",然后点击"工具"中的" ▣ "(梯形图逻辑测试结束)按钮。

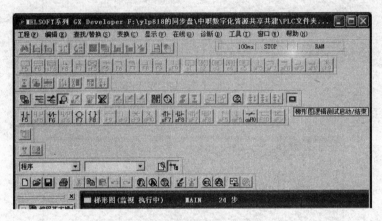

图 2.38 "梯形图逻辑测试结束"按钮

② 点击"确定"即可退出仿真运行。但此时的光标还是蓝块,程序处于监控状态,不能对程序进行编辑,所以需要点击快捷图标"写入状态",光标变成方框,即可对程序进行编辑。

图 2.39 退出 PLC 仿真运行对话框

【实训报告】

按照实训要求,填写实训报告。

PLC基本指令系统与编程

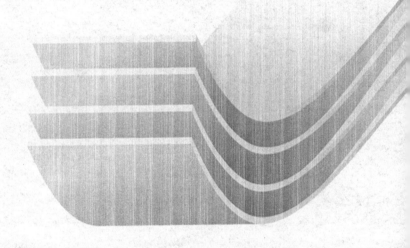

项目三

PLC基本指令训练

实训一　电动机启停控制

【实训目标】

① 掌握常用基本指令的使用方法；

② 学会用逻辑与、或、非等指令实现基本逻辑组合电路的编程；

③ 熟悉编译调试软件的使用；

④ 熟悉PLC实验装置。

【实训器材】

计算机、三菱GX Developer编程软件、THPLC-C实训台。

【实训内容】

三相异步电动机的各种控制电路，是工业控制系统普遍使用的基本环节。本实训将继电器控制电机正反转电路(图3.1)改造成对应的PLC控制电路，并在实训台上完成接线、编程、输入程序以达到仿真电动机正反转控制的目的。

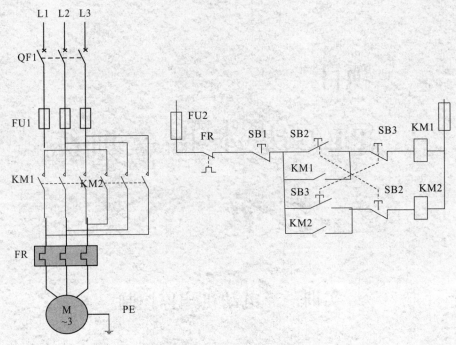

图 3.1 电动机继电器控制电路

【实训步骤】

一、I/O 分配和绘制 PLC 接线图

① 分析电机正反转控制电路,填写输入输出点分配表。

表 3.1 输入输出点分配表

类别	元件	元件号	备注
输入	SB1	X000	停止按钮
	SB2	X001	正转按钮
	SB3	X002	反转按钮
	FR	X014	热继电器
输出	KM1	Y000	正转线圈
	KM2	Y001	反转线圈

② 画出 PLC 外部接线图。

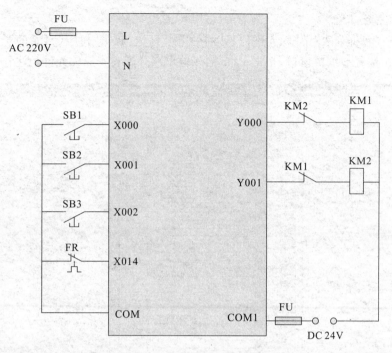

图 3.2　PLC 外部接线图

二、程序编辑及输入

在计算机上打开 GX Developer 软件,输入梯形图程序。

1. 创建项目

打开 GX Developer 软件,新建一个项目。在项目里选择使用 PLC 的系列和类型,程序类型选择梯形图。设置工程名,保存在 d:\工程,工程名为:按钮连锁正反转。

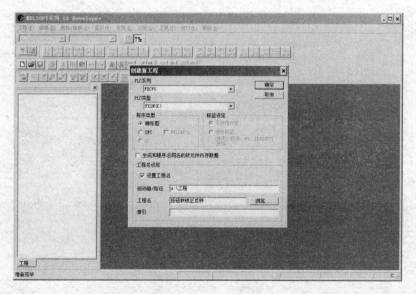

图 3.3　新建一个项目

2. 元件注释

单击"工程数据列表"中"软元件注释"前的"＋"标记，双击"树"状目录的子目录"COM-MENT"，弹出注释的编辑窗口，根据 PLC 输入输出点分配表完成软元件的注释。

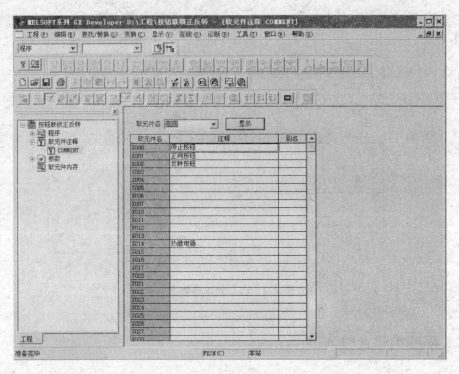

图 3.4　元件注释

3. 梯形图的编辑及写入 PLC

单击"工程数据列表"中"程序"前的"＋"标记，双击"工程数据列表"中"MAIN"显示出梯形图窗口。在菜单栏中选择"编辑"→"写入模式"，完成梯形图的写入。

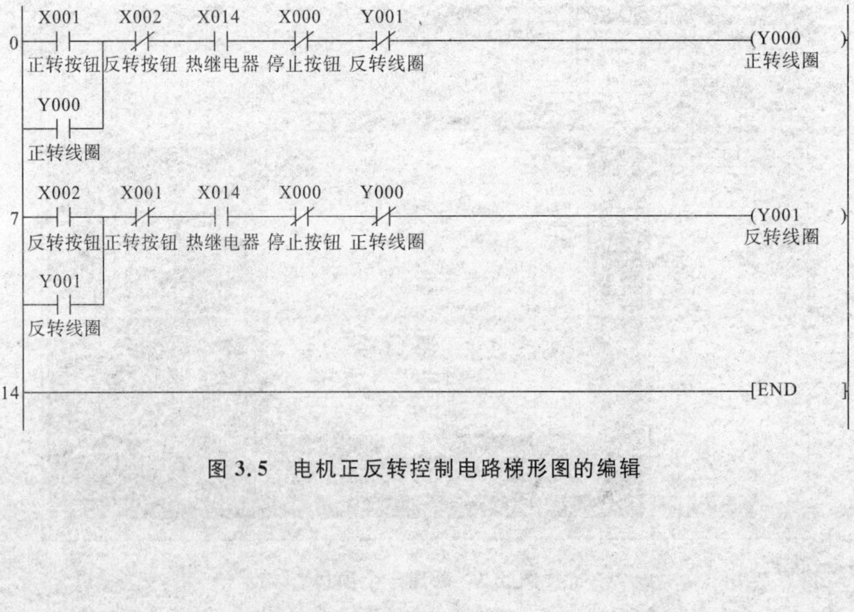

图 3.5　电机正反转控制电路梯形图的编辑

三、完成接线

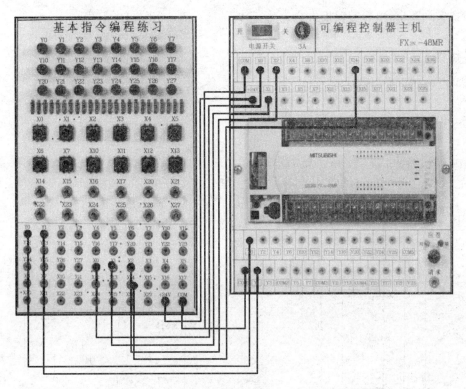

图3.6 电机正反转控制实训接线图

四、操作过程

① 合开关,PLC电源指示 POWER 灯亮;将 PLC 上的 RUN/STOP 开关拨向"RUN"位置,运行指示灯 RUN 亮。

② 将 X14 拨把开关控制在闭合位置,PLC 输入 X14 端口状态指示灯亮。

按下 X1,PLC 输入 X1 端口状态指示灯亮;PLC 输出 Y0 端口状态指示灯亮;THPLC-C 实训台"基本指令编程练习"上 Y0 亮。按下 X2,PLC 输入 X2 端口状态指示灯亮;PLC 输出 Y0 端口状态指示灯灭,PLC 输出 Y1 端口状态指示灯亮;THPLC-C 实训台"基本指令编程练习"上 Y0 灭、Y1 亮。按下 X0,PLC 输入 X0 端口状态指示灯亮;PLC 输出 Y1 端口状态指示灯灭。

按下 X2,PLC 输入 X2 端口状态指示灯亮;PLC 输出 Y1 端口状态指示灯亮;THPLC-C 实训台"基本指令编程练习"上 Y1 亮。按下 X1,PLC 输入 X1 端口状态指示灯亮;PLC 输出 Y1 端口状态指示灯灭,PLC 输出 Y0 端口状态指示灯亮;THPLC-C 实训台"基本指令编程练习"上 Y1 灭、Y0 亮。按下 X0,PLC 输入 X0 端口状态指示灯亮;PLC 输出 Y0 端口状态指示灯灭。

【实训报告】

按照实训要求,填写实训报告。

【实训知识】

一、电动机起停控制原理分析

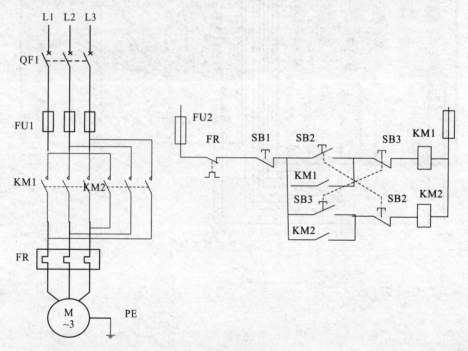

图 3.7 电动机继电器控制电路

1. 正转启动分析

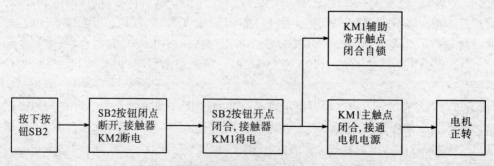

图 3.8 电动机继电器控制电路正转启动分析

2. 反转控制分析

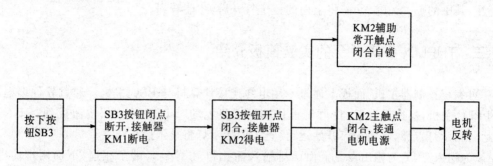

图 3.9　电动机继电器控制电路反转控制分析

二、PLC 面板结构

以主机 FX2N-48MR 为例作简单介绍,其他型号可查找相关资料,该主机为继电器输出,有 24 个输入点和 24 个输出点。如图 3.10 所示。

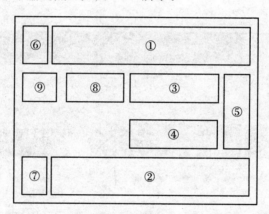

图 3.10　PLC 面板结构图

① 输入接线端。

② 输出接线端。

③ 输入端口状态指示灯。

④ 输出端口状态指示灯。

⑤ 主机状态指示有四个指示灯。

　　POWER:电源指示;

　　RUN:运行指示灯;

　　BATT. V:电池电压下降指示;

　　PROG-E/CPU-E:指示灯常亮说明 PLC 主模块损坏,指示灯闪烁说明程序出现错误。

⑥ 锂电池(F2-40BL,标准装备),锂电池连接插座。

⑦ 内置 RUN/STOP 开关,编程设备、数据存储单元接线插座。

⑧ 另选存储器滤波器安装插座。

⑨ 功能扩展板安装插座。

注：其中的⑥、⑦、⑧、⑨需将上面的盖子打开后，才能看到。

三、THPLC-C 实训台的实验面板介绍

"可编程控制器主机"面板上通过专用电缆连接计算机与 PLC 主机。通过软件编程，下载到 PLC 主机，检查无误后，将可编程控制器主机上的"STOP/RUN"按钮拨到"RUN"位置，运行指示灯点亮，表明程序开始运行，有关的指示灯将显示运行结果。

X 为输入点，Y 为输出点。上面两排输入插孔和 PLC 输入端子相连；下面两排输出插孔和 PLC 输出端子相连。PLC 电源通过电源开关引入，当开关拨到开的位置，PLC 得电。

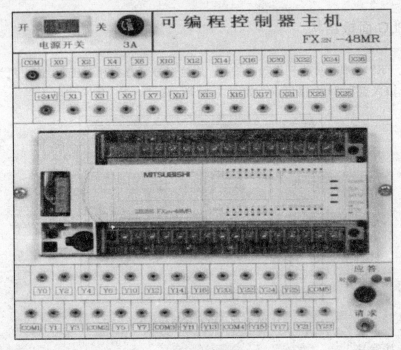

图 3.11 "可编程控制器主机"面板

四、THPLC-C 实训台"基本指令编程练习"

"基本指令编程练习"面板中下面是 I/O 接线孔，通过防转叠插锁紧线与 PLC 的主机相应的输入输出插孔相接。X 为输入点，Y 为输出点。图 3.12 中间 X0～X13 为输入按键，X14～X27 为拨码开关，模拟开关量的输入。八路一排 Y0～Y27 是 LED 指示灯，接继电器输出，用以模拟输出负载的通与断。

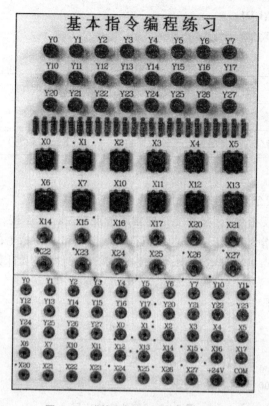

图 3.12 "基本指令编程练习"面板

五、基本指令介绍

表 3.2

名称	助记符	目标元件	说明
取指令	LD	X、Y、M、S、T、C	常开接点逻辑运算起始
取反指令	LDI	X、Y、M、S、T、C	常闭接点逻辑运算起始
线圈驱动指令	OUT	Y、M、S、T、C	驱动线圈的输出
与指令	AND	X、Y、M、S、T、C	单个常开接点的串联
与非指令	ANI	X、Y、M、S、T、C	单个常闭接点的串联
或指令	OR	X、Y、M、S、T、C	单个常开接点的并联
或非指令	ORI	X、Y、M、S、T、C	单个常闭接点的并联
程序结束指令	END	无	程序结束

1. 逻辑取指令 LD\LDI

(1) 指令助记符和功能

表 3.3

符号	名称	功能	操作元件	程序步
LD	取指令	常开触点逻辑运算起始	X、Y、M、S、T、C	1
LDI	取反指令	常闭触点逻辑运算起始	X、Y、M、S、T、C	1

(2) 指令说明

LD 指令称为"取指令"。其功能是使常开触点与左母线连接。

LDI 指令称为"取反指令"。其功能是使常闭触点与左母线连接。

LD、LDI 分别为取指令和取反指令的助记符，LD 指令和 LDI 指令的操作元件可以是输入继电器 X、输出继电器 Y、辅助继电器 M、状态继电器 S、定时器 T 和计数器 C 中的任何一个。

(3) 程序举例说明

① LD 指令的应用：

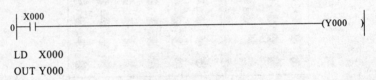

```
LD   X000
OUT  Y000
```

图 3.13　LD 指令的应用

② LDI 指令的应用：

```
LDI  X000
OUT  Y000
```

图 3.14　LDI 指令的应用

2. 触点串联指令 AND/ANI

(1) 指令助记符和功能

表 3.4

符号	名称	功能	操作元件	程序步
AND	与指令	常开触点串联指令	X、Y、M、S、T、C	1
ANI	与非指令	常闭触点串联指令	X、Y、M、S、T、C	1

(2) 指令说明

AND 指令称为"与指令"。其功能是使继电器的常开触点与其他继电器的触点串联（串联常开触点指令）。

ANI 指令称为"与非指令"。其功能是使继电器的常闭触点与其他继电器的触点串联（常闭触点指令）。

① AND、ANI 分别是"与指令"和"与非指令"的助记符。AND、ANI 指令的操作元件可

以是输入继电器 X、输出继电器 Y、辅助继电器 M、状态继电器 S、定时器 T 和计数器 C 中的任何一个。

② AND、ANI 指令可连续使用,并且不受使用次数限制。

③ 如果在 OUT 指令后,再通过触点对其他线圈使用 OUT 指令,称为纵接输出。

(3) 程序举例说明

① AND 指令的应用:

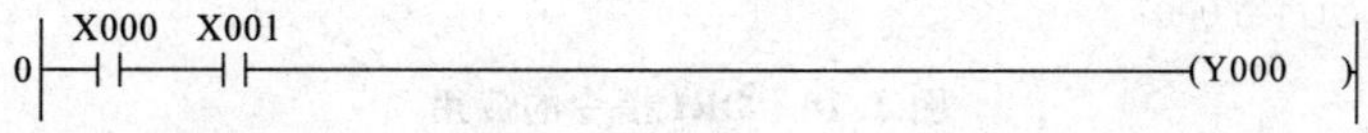

```
LD    X000
AND   X001
OUT   Y000
```

图 3.15　AND 指令的应用

② ANI 指令的应用:

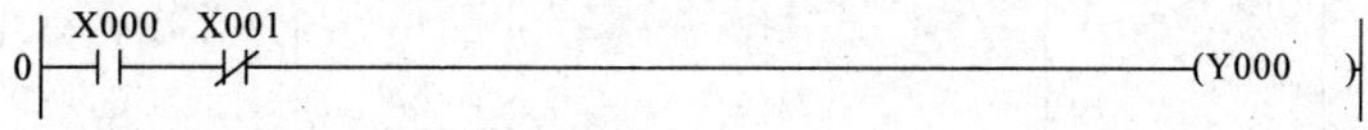

```
LD    X000
ANI   X001
OUT   Y000
```

图 3.16　ANI 指令的应用

3. 触点并联指令 OR/ORI

(1) 指令助记符和功能

表 3.5

符号	名称	功能	操作元件	程序步
OR	或指令	常开触点并联连接	X、Y、M、S、T、C	1
ORI	或非指令	常闭触点并联连接	X、Y、M、S、T、C	1

(2) 指令说明

OR 指令称为"或指令"。其功能是使继电器的常开触点与其他继电器的触点并联(并联常开触点指令)。

ORI 指令称为"或非指令"。其功能是使继电器的常闭触点与其他继电器的触点并联(并联常闭触点指令)。

(3) 程序举例说明

① OR 指令的应用:

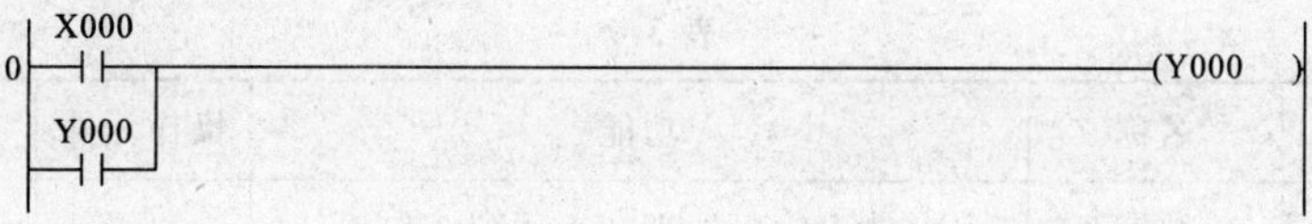

```
LD    X000
OR    Y000
OUT   Y000
```

图 3.17　OR 指令的应用

② ORI 指令的应用：

```
LD    X000
ORI   X001
OUT   Y000
```

图 3.18　ORI 指令的应用

4. 线圈输出指令 OUT

（1）指令助记符和功能

表 3.6

符号	名称	功能	操作元件	程序步
OUT	输出	线圈驱动	Y、M、S、T、C	Y,M:1 S:2 T:3 C:3～5

（2）指令说明

① OUT 指令是对输出继电器、辅助继电器、状态、定时器、计数器的线圈驱动指令,对输入继电器不能使用。

② OUT 指令可作多次并联使用。

（3）程序举例说明

OUT 指令的应用：

```
   X000
0 ─┤├──────────────────────────────(Y000  )
           │
           └──────────────────────(Y001  )
```

```
LD    X000
OUT   Y000
OUT   Y001
```

图 3.19　OUT 指令的应用

5. 结束指令 END

（1）指令助记符和功能

表 3.7

符号	名称	功能	操作元件	程序步
END	结束	输入输出处理和返回到 0 步		1

（2）指令说明

END（结束指令）表示程序结束。若程序的最后不写 END 指令，则 PLC 不管实际用户程序多长，都从用户程序存储器的第一步执行到最后一步；若有 END 指令，当扫描到 END 时，则结束执行程序，这样可以缩短扫描周期。在程序调试时，可在程序中插入若干 END 指令，将程序划分若干段，在确定前面程序段无误后，依次删除 END 指令，直至调试结束。

```
LD    X000
OUT   Y000
OUT   Y001
END
```

图 3.20　END 指令的应用

【实训拓展】

一、基本指令拓展学习

1. 逻辑取脉冲型指令 LDP/LDF

（1）指令助记符和功能

表 3.8

符号	名称	功能	操作元件	程序步
LDP	取脉冲指令	上升沿检测运算起始	X、Y、M、S、T、C	1
LDF	取脉冲指令	下降沿检测运算起始	X、Y、M、S、T、C	1

（2）指令说明

LDP/LDF 对应 LD 的脉冲型指令，具有对应的非脉冲型指令的相关属性：

LDP 仅在指定软元件由 OFF→ON 的上升沿时，使驱动的线圈接通一个扫描周期；

LDF 仅在指定软元件由 ON→OFF 的下降沿时，使驱动的线圈接通一个扫描周期。

（3）程序举例说明

① LDP 指令的应用：

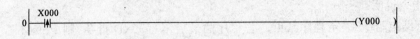

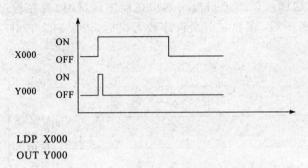

LDP X000
OUT Y000

图 3.21 LDP 指令的应用

② LDF 指令的应用:

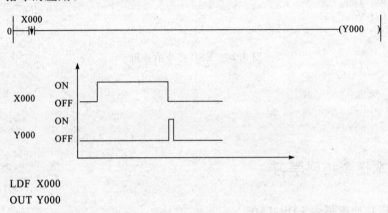

LDF X000
OUT Y000

图 3.22 LDF 指令的应用

2. 触点串联脉冲型指令 ANDP/ANDF

(1) 指令助记符和功能

表 3.9

符号	名称	功能	操作元件	程序步
ANDP	与脉冲指令	上升沿检测串联连接	X、Y、M、S、T、C	1
ANDF	与脉冲指令	下降沿检测串联连接	X、Y、M、S、T、C	1

(2) 指令说明

ANDP/ANDF 对应 AND 的脉冲型指令,具有对应的非脉冲型指令的相关属性:

ANDP 仅在指定软元件由 OFF→ON 的上升沿时,使驱动的线圈接通一个扫描周期;

ANDF 仅在指定软元件由 ON→OFF 的下降沿时,使驱动的线圈接通一个扫描周期。

(3) 程序举例说明

① ANDP 指令的应用:

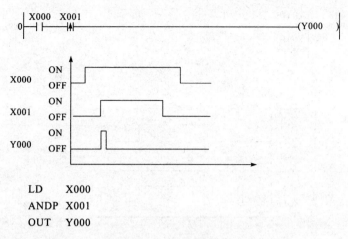

图 3.23　ANDP 指令的应用

② ANDF 指令的应用：

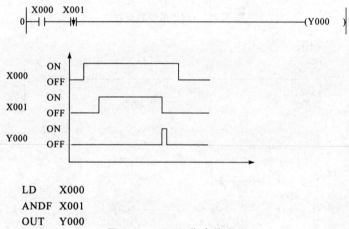

图 3.24　ANDF 指令的应用

3. 触点并联脉冲型指令 ORP/ORF

（1）指令助记符和功能

表 3.10

符号	名称	功能	操作元件	程序步
ORP	或脉冲	上升沿检测并联连接	X、Y、M、S、T、C	1
ORF	或脉冲	下降沿检测并联连接	X、Y、M、S、T、C	1

（2）指令说明

ORP/ORF 对应 OR 的脉冲型指令，具有对应的非脉冲型指令的相关属性：

ORP 仅在指定软元件由 OFF→ON 的上升沿时，使驱动的线圈接通一个扫描周期；

ORF 仅在指定软元件由 ON→OFF 的下降沿时，使驱动的线圈接通一个扫描周期。

（3）程序举例说明

① ORP 指令的应用：

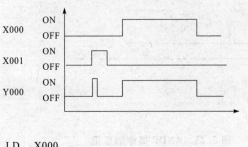

LD   X000
ORP X001
OUT Y000

图 3.25   ORP 指令的应用

② ORF 指令的应用:

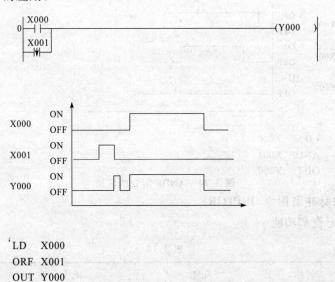

LD   X000
ORF X001
OUT Y000

图 3.26   ORF 指令的应用

二、PLC 的结构

PLC 的类型繁多,功能和指令系统也不尽相同,但结构与工作原理则大同小异,通常由主机、输入/输出接口、电源、编程器扩展器接口和外部设备接口等几个主要部分组成。PLC 的硬件系统结构如图 3.27 所示。

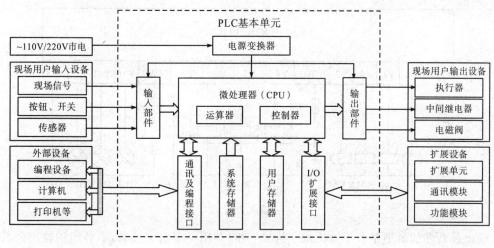

图 3.27 PLC 系统结构示意图

1. 主机

主机部分包括中央处理器(CPU)、系统程序存储器和用户程序及数据存储器。CPU 是 PLC 的核心,它运行用户程序、监控输入/输出接口状态、作出逻辑判断和进行数据处理,即读取输入变量、完成用户指令规定的各种操作,将结果送到输出端,并响应外部设备(如编程器、电脑、打印机等)的请求以及进行各种内部判断等。PLC 的内部存储器有两类,一类是系统程序存储器,主要存放系统管理和监控程序及对用户程序作编译处理的程序,系统程序已由厂家固定,用户不能更改;另一类是用户程序及数据存储器,主要存放用户编制的应用程序及各种暂存数据和中间结果。

2. 输入/输出(I/O)接口

PLC 的输入端子是从外部接受信号的端口,PLC 内部与输入端子连接的输入继电器 X 是用光电隔离的电子继电器,它们的编号按八进制进行编号,线圈的通断取决于 PLC 外部触点的状态,不能用程序指令驱动。内部提供常开/常闭两种触点供编程时使用,且使用次数不限。

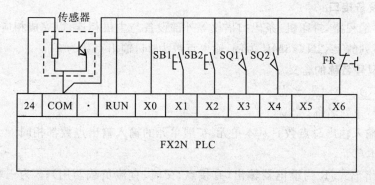

图 3.28

PLC 的输出端子是向外部负载输出信号的端口。输出继电器的线圈通断由程序驱动,输出继电器也按八进制编号,其外部输出主触点接到 PLC 的输出端子上供驱动外部负载使用,内部提供常开/常闭触点供程序使用,且使用次数不限。

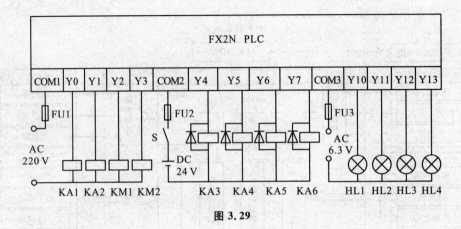

图 3.29

输出公共端的类型是若干输出端子构成一组,共用一个输出公共端,各组的输出公共端用 COM1、COM2……表示,各组公共端之间相互独立,可使用不同的电源类型和电压等级负载驱动电源。

I/O 点数即输入/输出端子数是 PLC 的一项主要技术指标,通常小型机有几十个点,中型机有几百个点,大型机超过千点。

3. 电源

电源是指为 CPU、存储器、I/O 接口等内部电子电路工作所配置的直流开关稳压电源,通常也为输入设备提供直流电源。

4. 编程器

编程器是 PLC 的一种主要的外部设备,用于手持编程,用户可用以输入、检查、修改、调试程序或监示 PLC 的工作情况。除手持编程器外,还可通过适配器和专用电缆线将 PLC 与电脑连接,并利用专用的工具软件进行电脑编程和监控。

5. 输入/输出扩展单元

I/O 扩展接口用于将扩充外部输入/输出端子数的扩展单元与基本单元(即主机)连接在一起。

6. 外部设备接口

接口可将编程器、打印机、条码扫描仪等外部设备与主机相连,以完成相应的操作。

以三菱系列的 FX2N-48MR 为例,输入点数为 24,输出点数为 24。

7. 产品型号名称的含义

FX2N－ ○○ M □ － □

①FX2N:系列名称。

②○○:输入输出总点数。基本单元、扩展单元的输入输出点数都相同。

③M:基本单元。

④□:输出形式,R 为继电器输出(有接点、交流、直流负载两用);S 为三端双向可控硅开关元件输出(无接点、交流负载用);T 为晶体管输出(无接点,直流负载用)。

⑤□:其他区分,无符号为 AC100/200 V 电源、DC24 V 输入(内部供电)。

8. PLC 的工作原理

（1）PLC 组成系统的原理框图

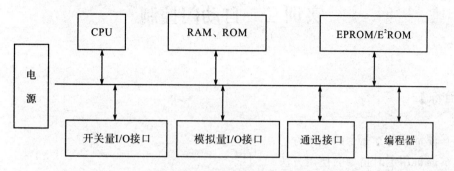

图 3.30　PLC 组成的原理框图

（2）PLC 的工作过程

几乎所有的 PLC 工作过程都采用"循环扫描"的工作方式，不同的 PLC 只是在内部处理的细节方面有所不同。每个 PLC 的扫描周期都分为以下几个过程。

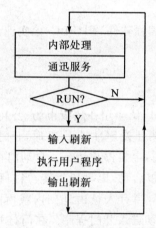

图 3.31　PLC 工作流程图

① 内部处理（自诊断）。CPU 对 PLC 内部的硬件做故障检查，复位 WDT（看门狗时间）等，如果发生故障（不管是硬件故障还是软件执行产生的故障），都进入故障处理程序，不同的 PLC 对故障处理采用不同的方式，有的直接停机，有的根据故障的具体类型，调用不同的故障处理程序。

② 通讯服务。与外围设备、编程器、网络设备等进行通信。

③ 输入刷新。将接在输入端子上的传感器、开关、按钮等输入元件状态读入，并保存在"输入状态表"（I/O 映像存储器）中，给本扫描周期用户程序运行时提供最新的输入信号。

④ 执行用户程序。CPU 逐条解释并执行用户程序。根据 I/O 状态表（属数据表状态存储器）中 ON／OFF 信息，按用户程序给定的逻辑关系运算，将运算结果写入 I/O 状态表。

⑤ 输出刷新。将"输出状态表"（I/O 映像存储器）中的内容输出到接口电路，以驱动输出端子上的输出元件，实现控制。"输出状态表"中的内容是本次扫描周期用户程序运行的结果。

实训二　自动门控制

【实训目标】

① 掌握常用基本指令的使用方法；
② 掌握常用定时指令的使用方法；
③ 掌握定时器内部时基脉冲参数的设置；
④ 熟悉编译调试软件的使用。

【实训器材】

计算机、三菱 GX Developer 编程软件、THPLC-C 实训台。

【实训内容】

随着社会的发展，自动门系统广泛应用在超级市场、公共建筑、银行、医院入口。当有人由内到外或由外到内通过光电检测开关 SQ1 或 SQ2 时，开门执行机构 KM1 动作，电动机正转，到达开门限位开关 SQ3 位置时，电机停止运行。自动门在开门位置停留 8 秒后，自动进入关门过程，关门执行机构 KM2 被启动，电动机反转，当门移动到关门限位开关 SQ4 位置时，电机停止运行。在关门过程中，当有人员由外到内或由内到外通过光电检测开关 SQ2 或 SQ1 时，应立即停止关门，并自动进入开门程序。在门打开后的 8 秒等待时间内，若有人员由外至内或由内至外通过光电检测开关 SQ1 或 SQ2 时，必须重新开始等待 8 秒后，再自动进入关门过程，以保证人员安全通过。

【实训步骤】

一、I/O 分配和绘制 PLC 接线图

1. 分析自动门控制程序，填写输入输出点分配表

PLC 控制实现自动门控制程序输入输出点分配，如表 3.11 所示。

表 3.11

类别	元件	元件号	备注
输入	SQ1	X000	从内向外光电检测开关
	SQ2	X001	由外到内光电检测开关
	SQ3	X002	开门限位开关
	SQ4	X003	关门限位开关
输出	KM1	Y000	开门接触器线圈
	KM2	Y001	关门接触器线圈

2. 画出 PLC 外部接线图

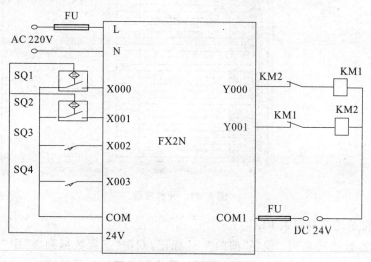

图 3.32　PLC 外部接线图

二、程序编辑

在计算机上打开 GX Developer 软件,输入梯形图程序。

1. 创建项目

打开 GX Developer 软件,新建一个项目。在项目里选择使用 PLC 的系列和类型,程序类型选择梯形图。设置工程名,保存在 d:\工程,工程名为:自动门控制。

图 3.33　新建一个项目

2. 元件注释

单击"工程数据列表"中"软元件注释"前的"＋"标记，在双击"树"状目录的子目录 "COMMENT"，弹出注释的编辑窗口，根据 PLC 输入输出点分配表完成软元件的注释。

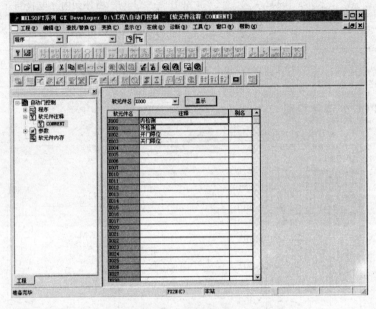

图 3.34　元件注释

3. 梯形图的编辑与写入 PLC

单击"工程数据列表"中"程序"前的"＋"标记，双击"工程数据列表"中"MAIN"显示出梯形图窗口。在菜单栏中选择"编辑"→"写入模式"，完成梯形图的输入。

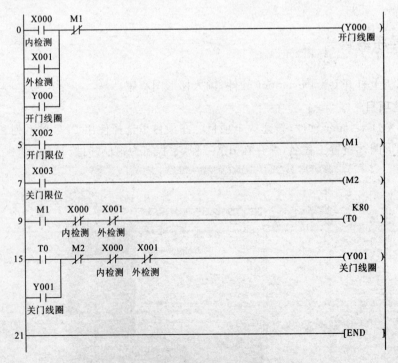

图 3.35　自动门控制梯形图

三、完成接线

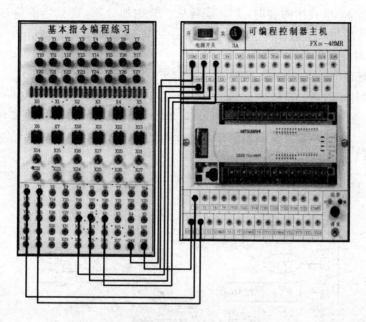

图 3.36 自动门控制实训接线图

按照实训要求填写实训报告。

【实训知识】

一、定时器指令

FX2N 系列 PLC 的定时器全部都是 16 位的,容量为 32K(1~32767)的定时器共有 256 个,T0~T255。

1. 通用定时器(T0~T245)

通用定时器有 100 ms 和 10 ms 两种。

① 100 ms 通用定时器:有 200 个,地址为 T0~T199。定时区间为 0.1~3276.7 s 。

② 10 ms 通用定时器:有 46 个,地址为 T200~T245。定时区间为 0.01~327.67 s 。

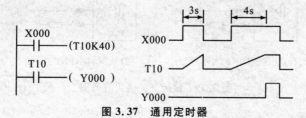

图 3.37 通用定时器

T10 定时时间由 K40 指定为 4 s,当 X000 闭合时,T10 线圈被驱动,对 100 ms 时钟脉冲进行加计数;当其当前值还未达到设定值 4 s 时,X000 断开,则 T10 马上复位而不会将定时值累计下来。当 X000 再次闭合时,T10 重新从 0 开始加计数,直至当前值达到设定值 4 s 时,T10 动作,其常开接点闭合,Y000 线圈接通。

2. 累计定时器(T246～T255)

累计定时器有 1ms 与 100ms 两种。

① 1 ms 累计定时器:有 4 个,地址为 T246～T249。定时区间为 0.001～32.767 s。

② 100 ms 累计定时器:有 6 个,地址为 T250～T255。每个定时器的定时区间为 0.1～3276.7 s。100 ms 累计定时器除了不能在中断或子程序中使用和定时分辨率为 0.1 s 外,其余特性与 1 ms 累计定时器没有区别。

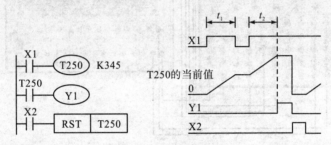

图 3.38 累计定时器

二、传感器基础知识

1. 电感式传感器

电感式传感器为信号发生器,它被用于加工机械、机器人、生产线以及传送带系统中,进行检测和功能相关的动作并将检测结果转换成电信号。它是以非接触的方式工作的,当有金属物体接近规定的感应距离时,传感器会发出一个电信号。电感式接近开关就是利用电涡流效应制造的传感器。

电感式接近开关的图形符号接近开关通用符号,如图 3.39 所示,电感式接近开关如图 3.40 所示。

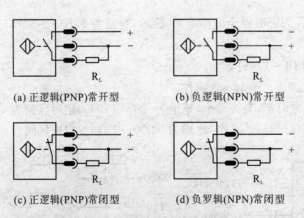

(a) 正逻辑(PNP)常开型   (b) 负逻辑(NPN)常开型

(c) 正逻辑(PNP)常闭型   (d) 负罗辑(NPN)常闭型

图 3.39 接近开关通用符号图

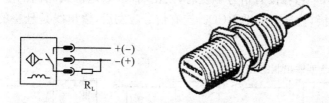

图 3.40　电感式接近开关图形及符号

2. 电容式传感器

在高频振荡型电容式接近开关中,以高频振荡器(LC 振荡器)中的电容作为检测元件,利用被测物体接近该电容时,由于电容器的介质发生变化导致电容量 C 的变化,从而引起振荡器振幅或频率的变化,由传感器内部的信号转换电路将该变化转换成开关量输出,从而达到检测的目的。电容式接近开关能检测大部分的物质,如金属、橡胶等。

电容式接近开关图形符号如图 3.41 所示。

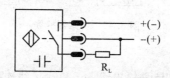

图 3.41　电容式接近开关图形符号

3. 光电式接近开关

光电式传感器是用光电转换器件作敏感元件,将光信号转换为电信号的装置。光电式传感器的种类很多,按照其输出信号的形式,可以分为模拟式、数字式、开关量输出式。以开关量形式输出的光电传感器,即为光电式接近开关。

光电式接近开关的图形符号如图 3.42 所示。

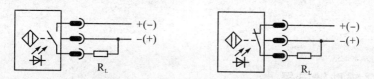

图 3.42　光电式接近开关的图形符号

4. PNP 与 NPN 型传感器区别

PNP 与 NPN 型传感器其实就是利用三极管的饱和和截止,输出两种状态,属于开关型传感器。但输出信号是截然相反的,即高电平和低电平,PNP 输出是低电平 0,NPN 输出的是高电平 1。

PNP 与 NPN 型传感器一般有三条引出线,即电源线 VCC、0V 线、out 信号输出线。

(1) NPN 型传感器接线

NPN 是指当有信号触发时,信号输出线 out 和电源线 VCC 连接,相当于输出高电平的电源线。

对于 NPN-NO 型,在没有信号触发时,输出线是悬空的,就是 VCC 电源线和 out 线断开。有信号触发时,发出与 VCC 电源线相同的电压,也就是 out 线和电源线 VCC 连接,输出高电平 VCC。

对于 NPN-NC 型,在没有信号触发时,发出与 VCC 电源线相同的电压,也就是 out 线和电源线 VCC 连接,输出高电半 VCC。当有信号触发后,输出线是悬空的,就是 VCC 电源线和 out 线断开。

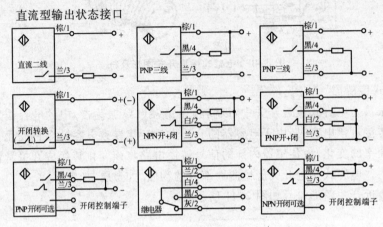

图 3.43　传感器接线

(2) PNP 型传感器接线

PNP 是指当有信号触发时,信号输出线 out 和 0 V 线连接,相当于输出低电平 0 V。

对于 PNP-NO 型,在没有信号触发时,输出线是悬空的,就是 0 V 线和 out 线断开。有信号触发时,发出与 0 V 相同的电压,也就是 out 线和 0V 线连接,输出低电平 0 V。

对于 PNP-NC 型,在没有信号触发时,发出与 0 V 线相同的电压,也就是 out 线和 0 V 线连接,输出低电平 0 V。当有信号触发后,输出线是悬空的,就是 0 V 线和 out 线断开。

我们一般常用的是 NPN 型,即高电平有效状态,PNP 很少使用。

【实训拓展】

一、PLC 辅助继电器

辅助继电器是 PLC 中数量最多的一种继电器,一般的辅助继电器与继电器控制系统中的中间继电器相似。

辅助继电器不能直接驱动外部负载,负载只能由输出继电器的外部触点驱动。辅助继电器的常开与常闭触点在 PLC 内部编程时可无限次使用。

辅助继电器采用"M"与十进制数共同组成编号(只有输入输出继电器才用八进制数)。

1. 通用辅助继电器(M0～M499)

FX2N 系列共有 500 点通用辅助继电器。通用辅助继电器在 PLC 运行时,如果电源突然断电,则全部线圈均 OFF。当电源再次接通时,除了因外部输入信号而变为 ON 的以外,其余的仍将保持 OFF 状态,它们没有断电保护功能。通用辅助继电器常在逻辑运算中用来辅助运算、状态暂存、移位等。

根据需要可通过程序设定,将 M0～M499 变为断电保持辅助继电器。

2. 断电保持辅助继电器（M500～M3071）

FX2N 系列有 M500～M3071 共 2572 个断电保持辅助继电器。它与普通辅助继电器不同的是具有断电保护功能，即能记忆电源中断瞬时的状态，并在重新通电后再现其状态。它之所以能在电源断电时保持其原有的状态，是因为电源中断时用 PLC 中的锂电池保持它们映像寄存器中的内容。其中 M500～M1023 可由软件将其设定为通用辅助继电器。

下面通过小车往复运动控制来说明断电保持辅助继电器的应用，如图 3.44 所示。

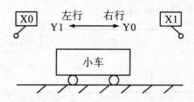

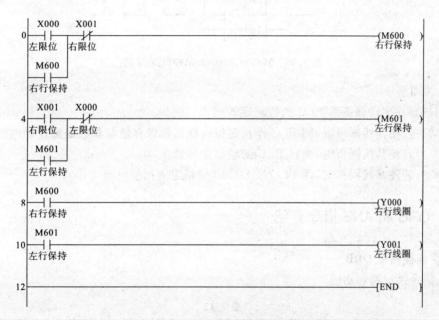

图 3.44 断电保持辅助继电器的作用

小车的正反向运动中，用 M600、M601 控制输出继电器驱动小车运动，X1、X0 为限位输入信号。运行的过程是 X0＝ON→M600＝ON→Y0＝ON→小车右行→停电→小车中途停止→上电（M600＝ON→Y0＝ON）再右行→X1＝ON→M600＝OFF、M601＝ON→Y1＝ON（左行）。可见由于 M600 和 M601 具有断电保持，所以在小车中途因停电停止后，一旦电源恢复，M600 或 M601 仍记忆原来的状态，将由它们控制相应输出继电器，小车继续原方向运动。若不用断电保护辅助继电器，当小车中途断电后，再次得电小车也不能运动。

3. 特殊辅助继电器

PLC 内有大量的特殊辅助继电器，它们都有各自的特殊功能。FX2N 系列中有 256 个特殊辅助继电器，可分成触点型和线圈型两大类。

（1）触点型

其线圈由 PLC 自动驱动，用户只可使用其触点。例如：

M8000：运行监视器（在 PLC 运行中接通），M8001 与 M8000 相反逻辑。

M8002：初始脉冲（仅在运行开始时瞬间接通），M8003 与 M8002 相反逻辑。

M8011、M8012、M8013 和 M8014 分别是产生 10 ms、100 ms、1 s 和 1 min 时钟脉冲的特殊辅助继电器。

M8000、M8002、M8012 的波形图如图 3.45 所示。

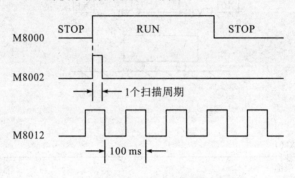

图 3.45　M8000、M8002、M8012 波形图

（2）线圈型

由用户程序驱动线圈后 PLC 执行特定的动作。例如：

M8033：若使其线圈得电，则 PLC 停止时保持输出影像存储器和数据寄存器内容。

M8034：若使其线圈得电，则将 PLC 的输出全部禁止。

M8039：若使其线圈得电，则 PLC 按 D8039 中指定的扫描时间工作。

二、ORB 和 ANB 指令介绍

1. 块连接指令 ORB

（1）指令助记符和功能

表 3.12

符号	名称	功能	操作元件	程序步
ORB	电路块或	串联电路块的并联连接		1

（2）指令说明

串联电路块：两个以上接点串联的电路。

① ORB 为将两个或两个以上串联电路块并联连接的指令。串联电路块并联连接时，在支路始端用 LD 和 LDI 指令，在支路终端用 ORB 指令。ORB 指令不带操作数，其后不跟任何软元件号，ORB 指令不表示接点，而是电路块之间的一段连接线。

② 多重并联电路中，若每个串联块结束处都用一个 ORB 指令，则并联电路数不受限。

(3) 程序举例说明

```
LD   X000
AND  X001
LD   X002
AND  X003
ORB
OUT  Y000
```

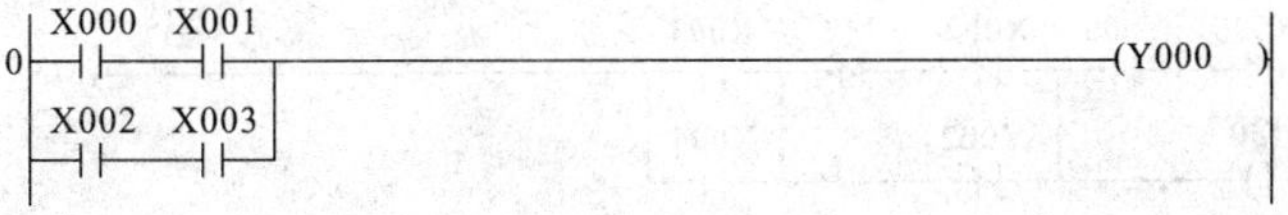

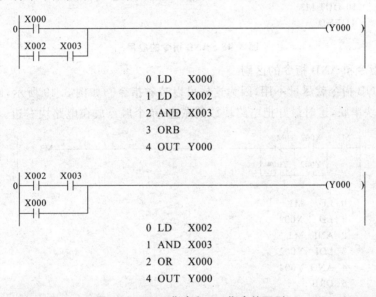

图 3.46　ORB 指令应用

2. ORB 指令和 OR 指令的区别

在编程时，将单个触点放在电路块下面，这样可以节省指令。如下图：

```
0 LD   X000
1 LD   X002
2 AND  X003
3 ORB
4 OUT  Y000
```

```
0 LD   X002
1 AND  X003
2 OR   X000
4 OUT  Y000
```

图 3.47　ORB 指令和 OR 指令的区别

3. 块连接指令 ANB

(1) 指令助记符和功能

表 3.13

符号	名称	功能	操作元件	程序步
ANB	电路块与	并联电路块的串联连接		1

(2) 指令说明

并联电路块：两个以上接点并联的电路。

① ANB(并联电路块与)为将并联电路块的始端与前一个电路串联连接的指令。串联连接时，在支路始端用 LD 和 LDI 指令，在支路终端用 ANB 指令。ANB 指令不带操作数，ANB 指令是电路块之间的一段连接线。

② 多重串联电路中，若每个并联块都用 ANB 指令顺次串联，则并联电路数不受限制。

（3）程序举例说明

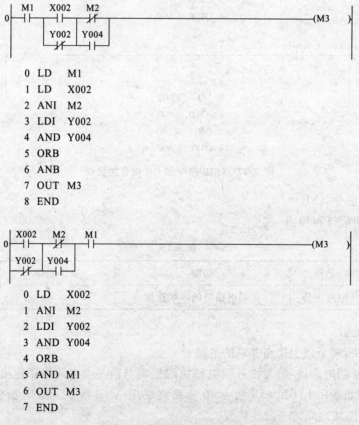

```
0 LD   X000
1 ANI  Y000
2 OR   M0
3 LDI  X002
4 ANI  M2
5 ORI  Y002
6 ANB
7 LD   X003
8 OR   X004
9 ANB
10 OUT M3
11 END
```

图 3.48　ANB 指令的应用

4. ANB 指令和 AND 指令的区别

能不用 ANB 指令就尽量不用，因为这样可以节省指令。如图 3.49 所示，M1 常开触点与右边的电路块串联，这时最好把电路块放到左边，单个触点放在电路块右边。

```
0 LD    M1
1 LD    X002
2 ANI   M2
3 LDI   Y002
4 AND   Y004
5 ORB
6 ANB
7 OUT   M3
8 END
```

```
0 LD    X002
1 ANI   M2
2 LDI   Y002
3 AND   Y004
4 ORB
5 AND   M1
6 OUT   M3
7 END
```

图 3.49　ANB 指令和 AND 指令的区别

实训三 空调水泵启动保护控制

【实训目标】

① 掌握常用基本指令的使用方法；
② 掌握计数器指令的使用；
③ 掌握定时器/计数器内部时基脉冲参数的设置；
④ 熟悉编译调试软件的使用。

【实训器材】

计算机、三菱 GX Developer 编程软件、THPLC-C 实训台。

【实训内容】

一台空调水泵要求其具有自保功能，0.5 小时内不能连续启动三次。如果满三次则系统停止，等待 0.5 小时后才能重新启动。

【实训步骤】

一、I/O 分配和绘制 PLC 接线图

1. 分析空调水泵启动保护控制，填写输入输出点分配表

PLC 控制实现空调水泵启动保护输入输出点分配，如表 3.14 所示。

表 3.14

类别	元件	元件号	备注
输入	SB1	X000	启动空调水泵
	SB2	X001	停止空调水泵
输出	KM1	Y000	水泵电机

2. 画出 PLC 外部接线图

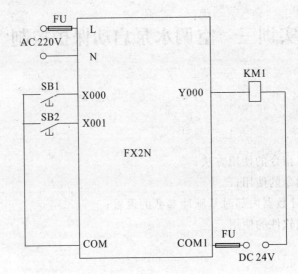

图 3.50　PLC 外部接线图

二、程序编辑

在计算机上打开 GX Developer 软件，输入梯形图程序。

1. 创建项目

打开 GX Developer 软件，新建一个项目。在项目里选择使用 PLC 的系列和类型，程序类型选择梯形图。设置工程名，保存在 d:\工程，工程名为：空调水泵启动保护。

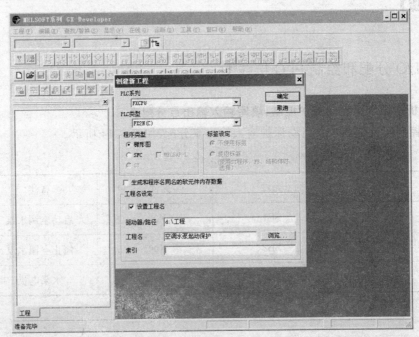

图 3.51　新建一个项目

2. 元件注释

单击"工程数据列表"中"软元件注释"前的"＋"标记，在双击"树"状目录的子目录 "COMMENT"，弹出注释的编辑窗口，根据 PLC 输入输出点分配表完成软元件的注释。

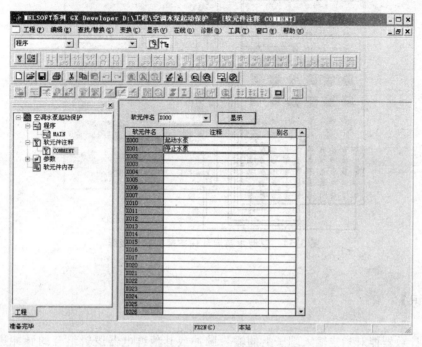

图 3.52　元件注释

3. 梯形图的编辑与写入

单击"工程数据列表"中"程序"前的"＋"标记，双击"工程数据列表"中"MAIN"显示出梯形图窗口。在菜单栏中选择"编辑"→"写入模式"，完成梯形图的输入。

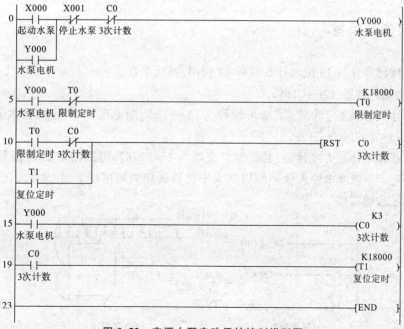

图 3.53　空调水泵启动保护控制梯形图

三、完成接线

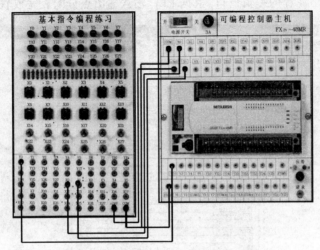

图 3.54　空调水泵启动保护控制实训接线

【实训知识】

PLC 计数器能对指定输入端子上的输入脉冲或其他继电器逻辑组合的脉冲进行计数。达到计数的设定值时,计数器的接点动作。输入脉冲一般要求具有一定的宽度,计数发生在输入脉冲的上升沿,每个计数器都有一个常开接点和一个常闭接点,可以无限次引用。计数器的符号是"C",其地址按十进制编号,FX2N 共有 256 个计数器,编号为 C0～C255,它们按特性的不同可分为内部计数器和高速计数器两类。

一、内部计数器

内部计数器又分为 16 位增计数器和 32 位增/减计数器。

1. 16 位增计数器(C0～C199)

普通型计数器共有 100 个,其地址编号为 C0～C99;断电保持 16 位增计数器也有 100 个,其地址编号为 C100～C199。

计数器都按增计数方式计数,其设定值范围为 1～32767,可以用常数 K 或数据寄存器 D 的值来设定。一般要求输入脉冲的周期大于扫描周期的两倍以上,这实际上已能满足绝大部分实际工程的需要。

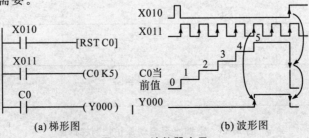

(a) 梯形图　　　　(b) 波形图

图 3.55　计数器应用

按钮 X011 按下 5 次，计数器 C0 计满，C0 线圈得电，C0 常开接点接通，Y000 得电输出。按钮 X010 按下时，计数器 C0 立即复位，其当前值变为 0，输出接点 C0 断开，Y00 断开。

2. 32 位增/减计数器(C200～C234)

通用 32 位增/减计数器共 20 个，编号 C200～C219；断电保持 32 位增/减计数器共 15 个，编号 C220～C234。

计数设定值范围为 -2147483648～$+2147483647$，其设定值可以用常数 K 或两个相邻的数据寄存器间接设定。

计数方向由 M82×× 来定义的，如 C200 的计数方向由 M8200 定义。M82×× 若为 OFF，则 C2×× 为增计数；M82×× 若为 ON，则 C2×× 为减计数。默认 C2×× 是增计数。

32 位增/减计数器的计数当前值在 -2147483648～$+2147483647$ 间循环变化，进行环形计数。当计数当前值等于设定值时，计数器的接点动作，但计数器仍在计数，计数当前值仍在变化，直到执行了复位指令时，计数当前值才为 0。

通用型计数器与断电保持计数器的区别与定时器类似。

二、高速计数器(C235～C255)

高速计数器能对频率高于扫描周期的输入脉冲进行计数。FX2N 设置了 21 个高速计数器，可响应高达 10kHz 的频率，只是计数范围为 -2147483648～$+2147483647$。

可用编程方式或中断方式控制高速计数器计数或复位，适用于高速计数器输入端只有 X000～X007。X006 和 X007 也是高速输入，但只能用作启动信号而不能用于高速计数。不同类型的计数器可同时使用，但它们的输入不能共享。

高速计数器都是 32 位断电保持增/减计数器，按增/减计数切换方法可分为 3 类，如表 3.15 所示。

表 3.15

分类	单相单计数输入	单相双计数输入	双相双计数输入
地址编号	C235～C245	C246～C250	C251～C255
计数方向控制	M8235～M8245 ON/OFF	输入脉冲从 U/D 输入	A、B 相状态
计数方向监控	—	M8246～M8255 状态：1 为减计数，0 为加计数	

【实训拓展】

一、置位和复位指令

1. 线圈输出指令 SET

(1) 指令助记符和功能

表 3.16

符号	名称	功能	操作元件	程序步
SET	置位	动作保持	Y、M、S	Y、M：1 S、特 M：2 T、C：2 D、V、Z、特 D：3

（2）指令说明

SET 指令称为"置位指令"，功能是驱动线圈，使其具有自锁功能，维持接通状态。

（3）程序举例说明

图 3.56　SET 指令应用

2. 线圈输出指令 RST

（1）指令助记符和功能

表 3.17

符号	名称	功能	操作元件	程序步
RST	复位	消除动作保持，寄存器的清零	Y、M、S、T、C、D、V、Z	Y、M：1 S、特 M：2 T、C：2 D、V、Z、特 D：3

（2）指令说明

RST 指令称为"复位指令"，功能是使线圈复位。

（3）程序举例说明

图 3.57　RST 指令应用

二、PLS 和 PLF 指令

1. 线圈输出指令 PLS

（1）指令助记符和功能

表 3.18

符号	名称	功能	操作元件	程序步
PLS	上升沿脉冲	上升沿微分输出	Y，M	2

（2）指令说明

PLS指令称为上升沿微分指令。在检测到输入脉冲的上升沿时，PLS指令的操作元件Y或M的线圈得电一个扫描周期，产生一个宽度为一个扫描周期的脉冲信号输出。

PLS指令的操作元件为输出继电器Y和辅助继电器M，不包括特殊继电器。

（3）程序举例说明

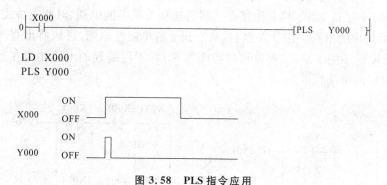

图 3.58 PLS 指令应用

2. 线圈输出指令 PLF

（1）指令助记符和功能

表 3.19

符号	名称	功能	操作元件	程序步
PLF	下降沿脉冲	下降沿微分输出	Y、M	2

（2）指令说明

PLF指令称为下降沿微分指令。在检测到输入脉冲的下降沿时，PLF指令的操作元件Y或M的线圈得电一个扫描周期，产生一个宽度为一个扫描周期的脉冲信号输出。

PLF指令的操作元件为输出继电器Y和辅助继电器M，不包括特殊继电器。

（3）程序举例说明

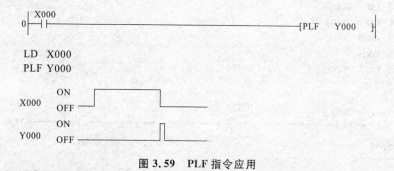

图 3.59 PLF 指令应用

三、梯形图编程规则

① 梯形图中的阶梯都是始于左母线，终于右母线。

梯形图每行的左边是接点的组合，表示驱动逻辑线圈的条件，而表示结果的逻辑线圈只能接在右边的母线上,接点是不能出现在线圈的右边的。

图 3.60　逻辑线圈只能接在右边的母线

② 梯形图中触点应画在水平线上,不要画在垂直线上。

如图 3.61 中接点 X005 与其他接点之间的连接关系不能识别,对此类桥式电路,要将其化为连接关系明确的电路。按从左至右,从上到下的单向性原则,可以看出有 4 条从左母线到达线圈 Y000 的不同支路,于是就可以将图 3.61(a)不可编程的电路化为在逻辑功能上等效的图 3.61(b)的可编程电路。

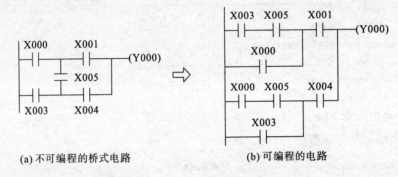

(a)不可编程的桥式电路　　　　　(b)可编程的电路

图 3.61　桥式电路正确画法

③ 并联块串联时,应将接点多的支路放在梯形图的左方;串联块并联时,应将接点多的并联支路,放在梯形图的上方。

这样安排,程序简洁,指令更少。

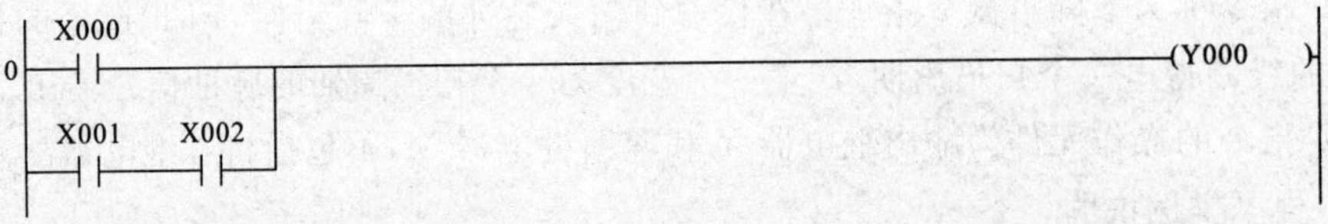

```
0 LD   X000
1 LD   X001
2 AND  X002
3 ORB
4 OUT  Y000
5 END
```

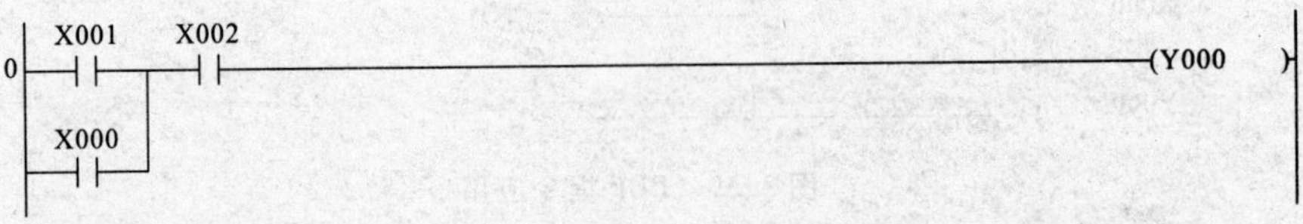

```
0 LD   X001
1 OR   X000
2 AND  X002
3 OUT  Y000
4 END
```

图 3.62　上重下轻原则

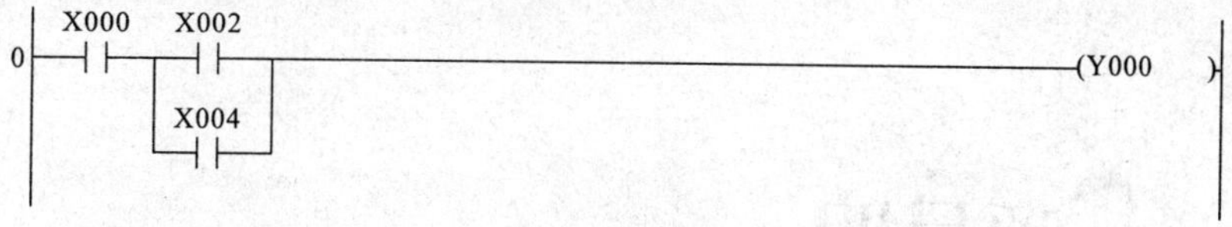

```
0 LD   X000
1 LD   X002
2 OR   X004
3 ANB
4 OUT  Y000
```

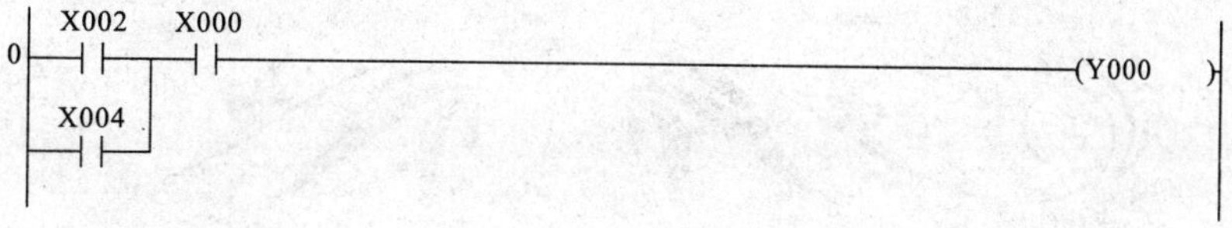

```
0 LD   X002
1 OR   X004
2 AND  X000
3 OUT  Y000
```

图 3.63　左重右轻原则

④ 不宜双线圈输出。若在同一梯形图中,同一元件的线圈使用两次或两次以上,则称为双线圈输出。双线圈输出时,只有最后一次才有效,一般不宜使用双线圈输出。

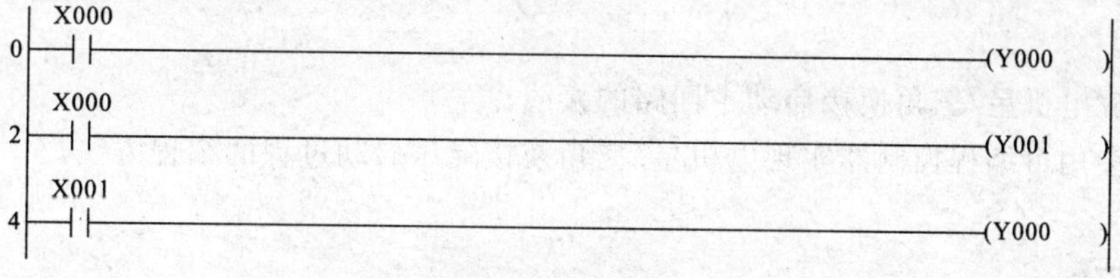

图 3.64　双线圈输出

⑤ 梯形图中每一常开和常闭接点都有自己的标识,以互相区别。同一标识的常开和常闭接点均可多次重复使用,次数不限。

⑥ 梯形图中接点可任意串联和并联,而输出线圈只能并联不能串联。

⑦ 最后一个逻辑行要用程序结束符"END"。

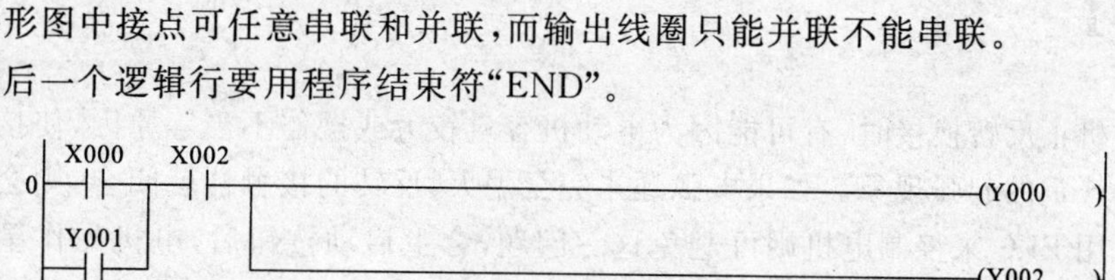

图 3.65　程序结束要用程序结束符"END"

项目四

PLC基本指令应用

实训一 三相异步电动机的星/三角换接启动控制

【实训目标】

① 掌握电机星/三角换接启动主回路的接线；

② 学会用可编程控制器实现电机星/三角换接降压启动过程的编程方法。

【实训器材】

计算机、三菱 GX Developer 编程软件、THPLC-C 实训台。

【实训内容】

由于电机正反转换接时，有可能因为电动机容量较大或操作不当等原因，使接触器主触头产生较为严重的起弧现象。如果电弧还未完全熄灭，反转的接触器就闭合，则会造成电源相间短路。用 PLC 来控制电机则可避免这一问题，合上启动按钮后，电机先作星形连接启动，经延时 6 秒后自动换接到三角形连接运转。

在三相异步电动机的星/三角换接启动控制实训区完成本实训。三相异步电动机星/三角换接启动控制的实训面板图：

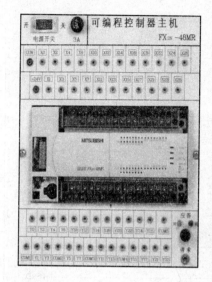
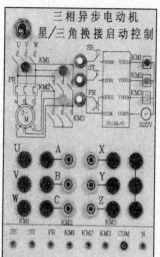

图 4.1

【实训步骤】

一、I/O 分配

①输入：SS-X0（启动按钮）、ST-X1（停止按钮）、FR-X2（热继电器辅助触点）；

②输出：KM1-Y1（主接触器）、KM2-Y2（星形启动接触器）、KM3-Y3（三角形运行接触器）。

二、设计梯形图（可参照实训参考程序）

①语句表：

表 4.1

步序	指令	器件号	说明	步序	指令	器件号	说明
0	LD	X000	启动	12	LD	T10	
1	OR	M100		13	ANI	T0	
2	ANI	X001	停车	14	ANI	Y002	
3	ANI	X002	过载保护	15	OUT	Y003	KM3 吸合
4	OUT	M100		16	LD	T0	
5	OUT	Y001	KM1 吸合	17	OUT	T1	延时 0.5 秒
6	LD	M100		18		K5	
7	OUT	T0	延时 6 秒	19	LD	T1	
8		K60		20	ANI	Y003	
9	LD	M100		21	OUT	Y002	KM2 吸合
10	OUT	T10	延时 1 秒	22	END		程序结束
11		K10					

②梯形图:

```
0   X000  X001  X002                                    (M100)
    ├┤├──┤/├──┤/├───────────────────────────────────┤
    启动  停止  过热保护
    M100
    ├┤├                              ┌─────────────────(Y101)
                                     └                 主接触器
                                                        K60
6   M100                                               (T0)
    ├┤├──────────────────────────────────────────────┤
                                                        K10
10  M100                                               (T10)
    ├┤├──────────────────────────────────────────────┤
14  T10   T0   Y002                                    (Y003)
    ├┤├──┤/├──┤/├─────────────────────────────────────┤ 星型接触
              三角形接                                    K5
18  T0                                                 (T1)
    ├┤├──────────────────────────────────────────────┤
22  T1   Y003                                          (Y002)
    ├┤├──┤/├──────────────────────────────────────────┤ 三角形接
         星型接触
25                                                     [END]
```

图 4.2

三、接线

如图 4.3 所示,将图中的 SS、ST、FR 分别接主机的输入点 X0、X1、X2;将 KM1、KM2、KM3 分别接主机的输出点 Y1、Y2、Y3;COM 端与主机的 COM 端相连;本实训区的 COM1、COM2 端与主机的 COM1、COM2 端相连。KM1、KM2、KM3 的动作用发光二极管来模拟。

实训装置已将三个 CJ0～10 接触器的触点引出至面板上。可按图 4.3 所示的粗线,用专用实训连接导线连接。三相电已引至三相开关 SQ 的 U、V、W 端。A、B、C、X、Y、Z 与三相异步电动机(400W)的相应六个接线柱相连。将三相闸刀开关拨向"开"位置,三相 380V 电即引至 U′、V′、W′三端。

注意:接通电源之前,将三相异步电动机的星/三角换接启动实验模块的开关置于"关"位置(开关往下扳)。因为一旦接通三相电,只要开关置于"开"位置(开关往上扳),这一实训模块中的 U、V、W 端就会得电,所以务必在连好实验接线后,才将这一开关接通,请千万注意人身安全。

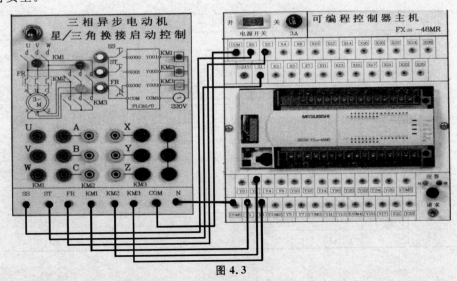

图 4.3

四、下载程序进行调试

通过专用电缆连接计算机与PLC主机,下载程序。将PLC主机上的"STOP/RUN"按钮拨到"RUN"位置,运行指示灯点亮,表明程序开始运行。

启动:按启动按钮"SS",X000的动合触点闭合,M100线圈得电,M100的动合触点闭合,Y001线圈得电,即接触器KM1的线圈得电,1秒后Y003线圈得电,即接触器KM3的线圈得电,电动机作星形连接启动;同时定时器线圈T0得电,当启动时间累计达6秒时,T0的动断触点断开,Y003失电,接触器KM3断电,触头释放,与此同时T0的动合触点闭合,T1得电,经0.5秒后,T1动合触点闭合,Y002线圈得电,电动机接成三角形,启动完毕。定时器T1的作用使KM3断开0.5秒后KM2才得电,避免电源短路。

停车:按停止按钮"ST",X001的动断触点断开,M100、T0失电,M100、T0的动合触点断开,Y001、Y003失电,KM1、KM3断电,电动机作自由停车运行。

过载保护:当电动机过载时,X002的动断触点断开,Y001、Y003失电,电动机也停车。按一下按钮"FR",可模拟过载,观察运行结果。

【实训报告】

按照实训要求,填写实训报告。

【实训知识】

容量较大的电动机,通常采用降压启动方式。

降压启动的方式很多,有星三角启动、自耦降压启动、串联电抗器降压启动、延边三角形启动等。

这里介绍电动机的星三角(Y-△)启动方式:Y-△启动是指启动时电动机绕组接成星形,启动结束进入运行状态后,电动机绕组接成三角形。在启动时,电机定子绕组因是星形接法,所以每相绕组所受的电压降低到运行电压的 $\sqrt{1/3}$(约57.7%),启动电流为直接启动时的1/3,启动转矩也同时减小到直接启动的1/3,所以这种启动方式只能工作在空载或轻载启动的场合。例如,轴流风机启动时应将出风阀门打开,离心水泵应将出水阀门关闭,使设备处于轻载状态。图4.1是电动机Y-△启动的一次电路图,U1-U2、V2-V2、W1-W2是电动机M的三相绕组。如果将U2、V2和W2在接线盒内短接,则电动机被接成星形;如果将U1和W2、V1和U2、W1和V2分别短接,则电动机被接成三角形。实现电动机的Y-△启动的二次控制电路见图4.4所示。

一、电路图

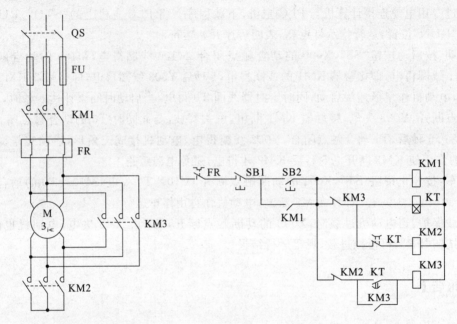

图 4.4

二、Y-△启动电路的工作过程

按下启动按钮"SB2",接触器 KM1、KM2 和时间继电器的线圈得电,KM2 的主触点闭合,将电动机的三相绕组接成星形,接触器 KM1 动作,电动机进入星形启动状态。KM1 的辅助常开触点闭合,使电路维持在启动状态。待电动机转速达到一定程度时,时间继电器 KT 延时时间到,其延时触点(常闭)断开,接触器 KM2 线圈失电,其主触点断开,辅助触点(常闭)复位,接触器 KM3 得电工作,电动机进入三角运行状态。这里时间继电器的延时时间应通过试验调整在 5~15 秒之间。按下"停止"按钮或电动机出现异常过电流,使热继电器 FR 动作时,电动机均会停止运行。

热继电器的调整应根据负载轻重和运行电流的大小,在热态(热继电器接入电路,并经过启动电流的预热)实地进行。观察电流表的读数,按照读数的 1.2 倍整定其电流调整钮。电动机出现 1.2 倍的异常电流时,热继电器会在 20 分钟内动作。如果电动机运行电流是随负载不断变化的,则整定值可按电流表显示的较大电流值计算选取,但最大不能超过电动机额定电流的1.2 倍。

实训二　四节传送带的模拟

【实训目标】

通过使用各基本指令,进一步熟练掌握 PLC 的编程和程序调试。

【实训器材】

计算机、三菱 GX Developer 编程软件、THPLC-C 实训台。

【实训内容】

一个使用四条皮带运输机的传送系统,分别用四台电动机带动,控制要求如下:

启动时先启动最末一条皮带机,经过 5 秒延时,再依次启动其他皮带机。停止时应先停止最前一条皮带机,待料运送完毕后再依次停止其他皮带机。

当某条皮带机发生故障时,该皮带机及其前面的皮带机立即停止,而该皮带机以后的皮带机待运完后才停止。如 M2 故障,M1、M2 立即停,经过 5 秒延时后 M3 停,再过 5 秒 M4 停。

当某条皮带机上有重物时,其前面的皮带机停止,该皮带机运行 5 秒后停,而该皮带机以后的皮带机待料运完后才停止。例如,M3 上有重物,M1、M2 立即停,再过 5 秒 M4 停。

在四节传送带的模拟实训区完成本实训,四节传送带的模拟实验面板如图 4.5 所示。

【实训步骤】

一、I/O 分配

①输入:启动 SB1-X0,停止 SB2-X5,负载 A-X1、B-X2、C-X3、D-X4。

②输出:KM1-Y1、KM2-Y2、KM3-Y3、KM4-Y4。

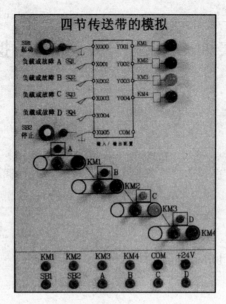

图 4.5

二、设计梯形图(可参照实训参考程序)

1. 故障时的实验参考程序

① 语句表:

表 4.2

步序	指令	器件号	说明	步序	指令	器件号	说明
0	LD	X000	启动按钮	48	OUT	T6	延时 5 秒
1	OR	M1		49		K50	
2	ANI	X005		50	LD	T6	
3	SET	Y004	D 电机运行	51	RST	Y002	B 电机停转
4	OUT	M1		52	OUT	M8	
5	LD	M1		53	LD	M8	
6	OUT	T0	延时 5 秒	54	OUT	T7	延时 5 秒
7		K50		55		K50	
8	LD	T0		56	LD	T7	
9	SET	Y003	C 电机运行	57	RST	Y003	C 电机停转
10	OUT	M2		58	OUT	M9	
11	LD	M2		59	LD	M9	
12	OUT	T1	延时 5 秒	60	OUT	T11	延时 5 秒
13		K50		61		K50	
14	LD	T1		62	LD	T11	

步序	指令	器件号	说明	步序	指令	器件号	说明
15	SET	Y002	B 电机运行	63	RST	Y004	D 电机停转
16	OUT	M3		64	LD	X002	故障 B
17	LD	M3		65	RST	Y001	A 电机停转
18	OUT	T2	延时 5 秒	66	RST	Y002	B 电机停转
19		K50		67	OUT	M10	
20	LD	T2		68	LD	M10	
21	SET	Y001	A 电机运行	69	OUT	T8	延时 5 秒
22	LD	X005	停止按钮	70		K50	
23	OR	M4		71	LD	T8	
24	ANI	X000		72	RST	Y003	C 电机停转
25	RST	Y001	A 电机停转	73	OUT	M11	
26	OUT	M4		74	LD	M11	
27	LD	M4		75	OUT	T9	延时 5 秒
28	OUT	T3	延时 5 秒	76		K50	
29		K50		77	LD	T9	
30	LD	T3		78	RST	Y004	D 电机停转
31	RST	Y002	B 电机停转	79	LD	X003	故障 C
32	OUT	M5		80	RST	Y001	A 电机停转
33	LD	M5		81	RST	Y002	B 电机停转
34	OUT	T4	延时 5 秒	82	RST	Y003	C 电机停转
35		K50		83	OUT	M12	
36	LD	T4		84	LD	M12	
37	RST	Y003	C 电机停转	85	OUT	T10	延时 5 秒
38	OUT	M6		86		K50	
39	LD	M6		87	LD	T10	
40	OUT	T5	延时 5 秒	88	RST	Y004	D 电机停转
41		K50		89	LD	X004	故障 D
42	LD	T5		90	RST	Y001	A 电机停转
43	RST	Y004	D 电机停转	91	RST	Y002	B 电机停转
44	LD	X001	故障 A	92	RST	Y003	C 电机停转
45	RST	Y001	A 电机停转	93	RST	Y004	D 电机停转
46	OUT	M7		94	END		程序结束
47	LD	M7		95			

② 梯形图：

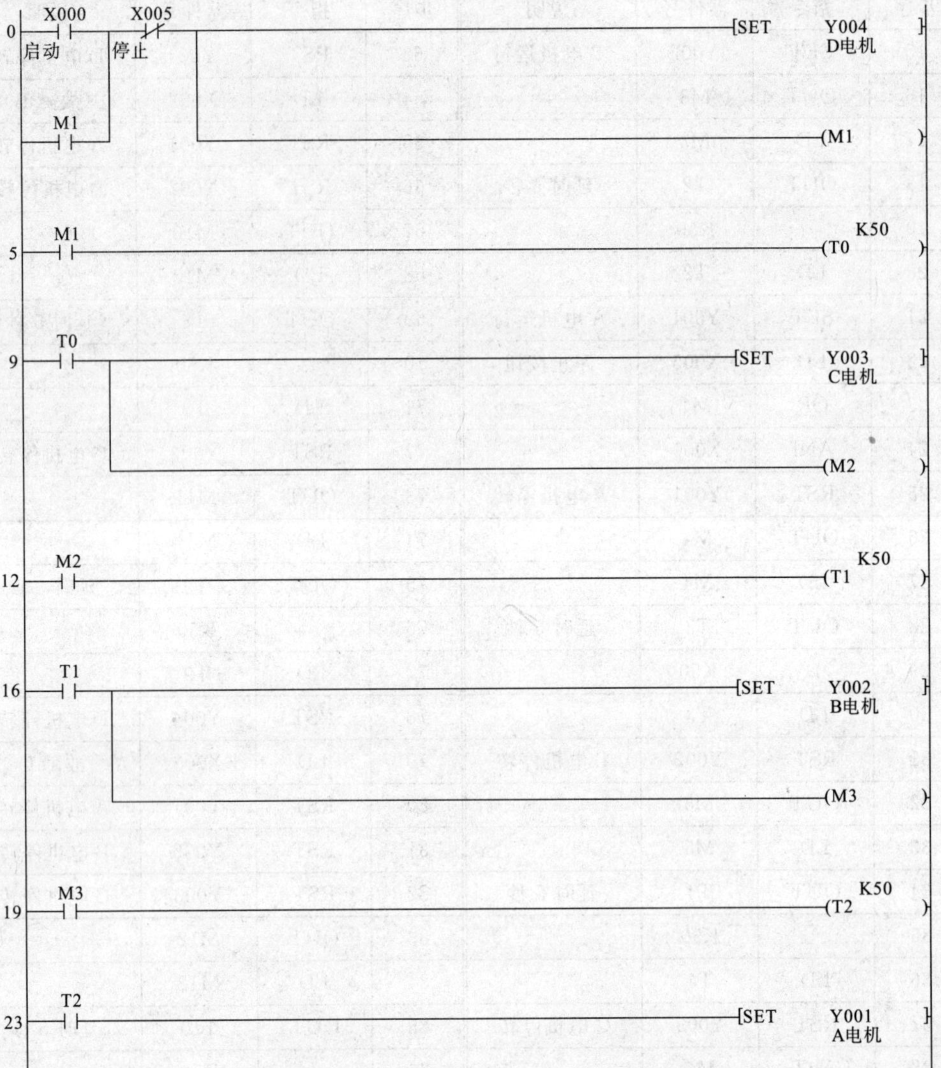

```
  X000   X005                                          [SET   Y004 ]
0 ─┤├───┤/├──┬────────────────────────────────────────         D电机
  启动   停止 │
           │
   M1     │                                            ─────────( M1 )
  ─┤├─────┘

   M1                                                          K50
5 ─┤├──────────────────────────────────────────────────────( T0 )

   T0                                                   [SET   Y003 ]
9 ─┤├──┬───────────────────────────────────────────────       C电机
      │
      └────────────────────────────────────────────────( M2 )

   M2                                                          K50
12 ─┤├─────────────────────────────────────────────────────( T1 )

   T1                                                  [SET   Y002 ]
16 ─┤├──┬──────────────────────────────────────────────       B电机
       │
       └───────────────────────────────────────────────( M3 )

   M3                                                          K50
19 ─┤├─────────────────────────────────────────────────────( T2 )

   T2                                                  [SET   Y001 ]
23 ─┤├─────────────────────────────────────────────────       A电机

   X005   X000                                         [RST   Y001 ]
25 ─┤├───┤├──┬─────────────────────────────────────────       A电机
  停止   启动 │
           │
   M4     │                                            ─────────( M4 )
  ─┤├─────┘

   M4                                                          K50
30 ─┤├─────────────────────────────────────────────────────( T3 )

   T3                                                  [RST   Y002 ]
34 ─┤├──┬──────────────────────────────────────────────       B电机
       │
       └───────────────────────────────────────────────( M5 )
```

图 4.6

```
37    M5                                              K50
      ─┤├─────────────────────────────────────────────(T4      )

41    T4                                         ─[RST   Y003   ]
      ─┤├─                                               C电机
        │
        │                                               (M6      )

44    M6                                              K50
      ─┤├─────────────────────────────────────────────(T5      )

48    T5                                         ─[RST   Y004   ]
      ─┤├─────────────────────────────────────         D电机

50    X001                                        ─[RST   Y004   ]
      ─┤├─                                               D电机
      A故障

52    X001                                        ─[RST   Y001   ]
      ─┤├─                                               A电机
      A故障 │
           │                                            (M7      )

55    M7                                              K50
      ─┤├─────────────────────────────────────────────(T6      )

59    T6                                         ─[RST   Y002   ]
      ─┤├─                                               B电机
        │
        │                                               (M8      )

62    M8                                              K50
      ─┤├─────────────────────────────────────────────(T7      )

66    T7                                         ─[RST   Y003   ]
      ─┤├─                                               C电机
        │
        │                                               (M9      )

69    M9                                              K50
      ─┤├─────────────────────────────────────────────(T11     )
```

续图 4.6

```
73  ──┤T11├──────────────────────────────────────[RST  Y004 ]
        │ │                                            D电机

75  ──┤X002├─┬─────────────────────────────────────[RST  Y001 ]
      B故障  │                                          A电机
            │
            ├─────────────────────────────────────[RST  Y002 ]
            │                                          B电机
            │
            └─────────────────────────────────────(M10  )

79  ──┤M10├────────────────────────────────────────  K50
        │ │                                         (T8   )

83  ──┤T8├──┬──────────────────────────────────────[RST  Y003 ]
        │ │ │                                          C电机
            │
            └──────────────────────────────────────(M11  )

86  ──┤M11├────────────────────────────────────────  K50
        │ │                                         (T9   )

90  ──┤T9├─────────────────────────────────────────[RST  Y004 ]
        │ │                                            D电机

92  ──┤X003├─┬─────────────────────────────────────[RST  Y001 ]
      C故障  │                                          A电机
            │
            ├─────────────────────────────────────[RST  Y002 ]
            │                                          B电机
            │
            ├─────────────────────────────────────[RST  Y003 ]
            │                                          C电机
            │
            └─────────────────────────────────────(M12  )

97  ──┤M12├────────────────────────────────────────  K50
        │ │                                         (T10  )

101 ──┤T10├────────────────────────────────────────[RST  Y004 ]
        │ │                                            D电机

103 ──┤X004├─┬─────────────────────────────────────[RST  Y001 ]
      D故障  │                                          A电机
            │
            ├─────────────────────────────────────[RST  Y002 ]
            │                                          B电机
            │
            ├─────────────────────────────────────[RST  Y003 ]
            │                                          C电机
            │
            └─────────────────────────────────────[RST  Y004 ]
                                                       D电机

108 ───────────────────────────────────────────────[END  ]
```

续图 4.6

2. 重物时实训参考程序

① 语句表：

表 4.3

步序	指令	器件号	说明	步序	指令	器件号	说明
0	LD	X000	启动按钮	57	OUT	T8	延时 5 秒
1	OR	M1		58		K50	
2	ANI	X005		59	LD	T8	
3	SET	Y004	D 电机运行	60	RST	Y003	C 电机停转
4	OUT	M1		61	OUT	M9	
5	LD	M1		62	LD	M9	
6	OUT	T0	延时 5 秒	63	OUT	T9	延时 5 秒
7		K50		64		K50	
8	LD	T0		65	LD	T9	
9	SET	Y003	C 电机运行	66	RST	Y004	D 电机停转
10	OUT	M2		67	LD	X002	负载 B
11	LD	M2		68	RST	Y001	A 电机停转
12	OUT	T1	延时 5 秒	69	OUT	M10	
13		K50		70	LD	M10	
14	LD	T1		71	OUT	T10	延时 5 秒
15	SET	Y002	B 电机运行	72		K50	
16	OUT	M3		73	LD	T10	
17	LD	M3		74	RST	Y002	B 电机停转
18	OUT	T2	延时 5 秒	75	OUT	M11	
19		K50		76	LD	M11	
20	LD	T2		77	OUT	T11	延时 5 秒
21	SET	Y001	A 电机运行	78		K50	
22	LD	X005	停止按钮	79	LD	T11	
23	OR	M4		80	RST	Y003	C 电机停转
24	ANI	X000		81	OUT	M12	
25	RST	Y001	A 电机停转	82	LD	M12	
26	OUT	M4		83	OUT	T12	延时 5 秒
27	LD	M4		84		K50	
28	OUT	T3	延时 5 秒	85	LD	T12	

步序	指令	器件号	说明	步序	指令	器件号	说明
29		K50		86	RST	Y004	D 电机停转
30	LD	T3		87	LD	X003	负载 C
31	RST	Y002	B 电机停转	88	RST	Y001	A 电机停转
32	OUT	M5		89	RST	Y002	B 电机停转
33	LD	M5		90	OUT	M13	
34	OUT	T4	延时 5 秒	91	LD	M13	
35		K50		92	OUT	T13	延时 5 秒
36	LD	T4		93		K50	
37	RST	Y003	C 电机停转	94	LD	T13	
38	OUT	M6		95	RST	Y003	C 电机停转
39	LD	M6		96	OUT	M14	
40	OUT	T5	延时 5 秒	97	LD	M14	
41		K50		98	OUT	T14	延时 5 秒
42	LD	T5		99		K50	
43	RST	Y004	D 电机停转	100	LD	T14	
44	LD	X001	负载 A	101	RST	Y004	D 电机停转
45	OUT	T6	延时 5 秒	102	LD	X004	负载 D
46		K50		103	RST	Y001	A 电机停转
47	LD	T6		104	RST	Y002	B 电机停转
48	RST	Y001	A 电机停转	105	RST	Y003	C 电机停转
49	OUT	M7		106	OUT	M15	
50	LD	M7		107	LD	M15	
51	OUT	T7	延时 5 秒	108	OUT	T15	延时 5 秒
52		K50		109		K50	
53	LD	T7		110	LD	T15	
54	RST	Y002	B 电机停转	111	RST	Y004	D 电机停转
55	OUT	M8		112	END		程序结束
56	LD	M8					

② 梯形图：

```
        X000    X005
0  ├──┤ ├──┤/├──────────────────────────────────[SET  Y004 ]
        启动    停止                                       D电机

        M1
   ├──┤ ├──┤───────────────────────────────────────────( M1 )

        M1                                                 K50
5  ├──┤ ├───────────────────────────────────────────────( T0 )

        T0
9  ├──┤ ├───────────────────────────────────────────[SET  Y003 ]
                                                          C电机

   ├───────────────────────────────────────────────────( M2 )

        M2                                                 K50
12 ├──┤ ├───────────────────────────────────────────────( T1 )

        T1
16 ├──┤ ├───────────────────────────────────────────[SET  Y002 ]
                                                          B电机

   ├───────────────────────────────────────────────────( M3 )

        M3                                                 K50
19 ├──┤ ├───────────────────────────────────────────────( T2 )

        T2
23 ├──┤ ├───────────────────────────────────────────[SET  Y001 ]
                                                          A电机

        X005    X000
25 ├──┤ ├──┤/├──────────────────────────────────────[RST  Y001 ]
        停止    启动                                       A电机

        M4
   ├───┤ ├──────────────────────────────────────────────( M4 )

        M4                                                 K50
30 ├──┤ ├───────────────────────────────────────────────( T3 )

        T3
34 ├──┤ ├───────────────────────────────────────────[RST  Y002 ]
                                                          B电机

   ├───────────────────────────────────────────────────( M5 )
```

图 4.7

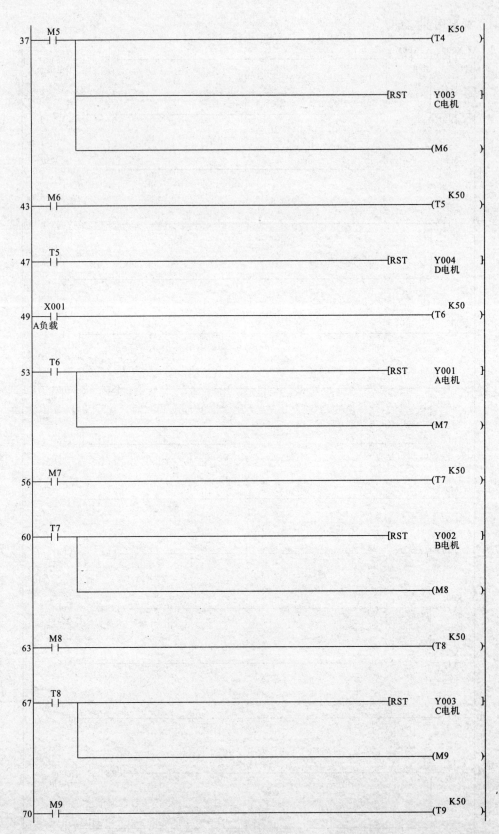

续图 4.7

```
        T9
74  ────┤├──────────────────────────────────────────────────────[RST   Y004
                                                                       D电机

        X002
76  ────┤├──────────────────────────────────────────────────────[RST   Y001
    B负载 │                                                              A电机
        │
        └──────────────────────────────────────────────────────────(M10 )

        M10                                                              K50
79  ────┤├──────────────────────────────────────────────────────────(T10 )

        T10
83  ────┤├──────────────────────────────────────────────────────[RST   Y002
         │                                                              B电机
         │
         └─────────────────────────────────────────────────────────(M11 )

        M11                                                              K50
86  ────┤├──────────────────────────────────────────────────────────(T11 )

        T11
90  ────┤├──────────────────────────────────────────────────────[RST   Y003
         │                                                              C电机
         │
         └─────────────────────────────────────────────────────────(M12 )

        M12                                                              K50
93  ────┤├──────────────────────────────────────────────────────────(T12 )

        T12
97  ────┤├──────────────────────────────────────────────────────[RST   Y004
                                                                       D电机

        X003
99  ────┤├──────────────────────────────────────────────────────[RST   Y001
    C负载 │                                                              A电机
        │
        ├──────────────────────────────────────────────────────[RST   Y002
        │                                                              B电机
        │
        └─────────────────────────────────────────────────────────(M13 )

        M13                                                              K50
103 ────┤├──────────────────────────────────────────────────────────(T13 )
```

续图 4.7

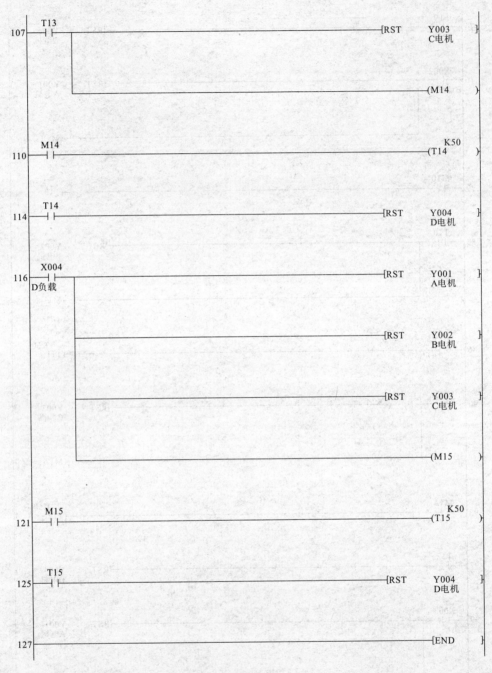

续图 4.7

三、接线

　　四节传送带模拟中的 KM1、KM2、KM3、KM4 分别接主机的输出点 Y1、Y2、Y3、Y4；SB1、SB2 分别接主机的输入点 X0、X5；表示负载或故障设定的 A、B、C、D 分别接主机输入点 X1、X2、X3、X4。其中启动、停止用动合按钮来实现，负载或故障设置用钮子开关来模拟，电机的停转或运行用发光二极管来模拟。

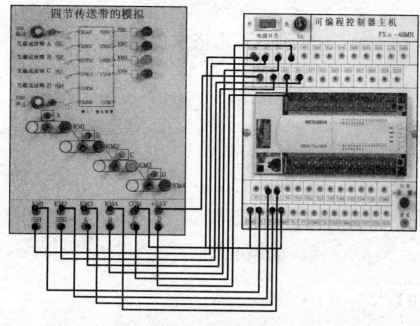

图 4.8

四、下载程序进行调试

通过专用电缆连接计算机与 PLC 主机,下载程序。将 PLC 主机上的"STOP/RUN"按钮拨到"RUN"位置,运行指示灯点亮,表明程序开始运行。

① 按下启动按钮"SB1"时,先启动最末一条皮带机,经过 5 秒延时,依次启动其他皮带机。

② 当发生 M2 故障拨动 B 开关,M1、M2 立即停,经过 5 秒延时后 M3 停,再过 5 秒 M4 停。

③ 当 M3 上有重物拨动 C 开关,M1、M2 立即停,再过 5 秒 M4 停。

④ 按下停止按钮"SB2"时,先停止最前一条皮带机,待料运送完毕后依次停止其他皮带机。

【实训报告】

按照实训要求,填写实训报告。

实训三　水塔水位控制

【实训目标】

用 PLC 构成水塔水位自动控制系统。

【实训器材】

计算机、三菱 GX Developer 编程软件、THPLC-C 实训台。

【实训内容】

当水池水位低于水池低水位界(S4 为 ON 表示),阀 Y 打开进水(Y 为 ON),定时器开始定时,4 秒后,如果 S4 还不为 OFF,那么阀 Y 指示灯闪烁,表示阀 Y 没有进水,出现故障,S3 为 ON 后,阀 Y 关闭(Y 为 OFF)。当 S4 为 OFF,且水塔水位低于水塔低水位界时,S2 为 ON,电机 M 运转抽水,当水塔水位高于水塔高水位界时电机 M 停止。

在水塔水位控制区完成本实训。水塔水位控制的实训面板如图 4.9 所示。

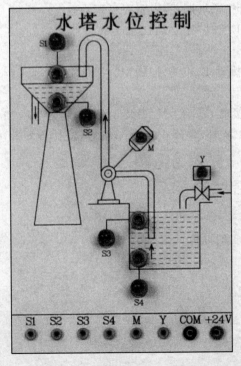

图 4.9

【实训步骤】

一、I/O分配

①输入：水塔位置控制 S1-X0、S2-X1、S3-X2、S4-X3；

②输出：电机 M-Y0、阀 Y-Y1。

二、设计梯形图(可参照实训参考程序)

①语句表：

表4.4

步序	指令	器件号	说明	步序	指令	器件号	说明
0	LDI	T0		15		K1	
1	OUT	T1	产生1秒脉冲	16	LD	T2	
2		K5		17	AND	T1	
3	LD	T1		18	LD	X003	
4	OUT	T0	延时0.5秒	19	ANI	T2	
5		K5		20	ORB		
6	LD	X003	水池低水位界	21	OR	T3	
7	OR	M1		22	ANI	X002	水池高水位界
8	ANI	X002		23	OUT	Y001	电磁阀 Y
9	OUT	T2	延时4秒	24	LD	X001	水塔低水位界
10		K40		25	OR	Y000	
11	OUT	M1		26	ANI	X000	水塔高水位界
12	LD	T2		27	ANI	X003	
13	ANI	X003		28	OUT	Y000	电机 M
14	OUT	T3	延时0.1秒	29	END		程序结束

②梯形图：

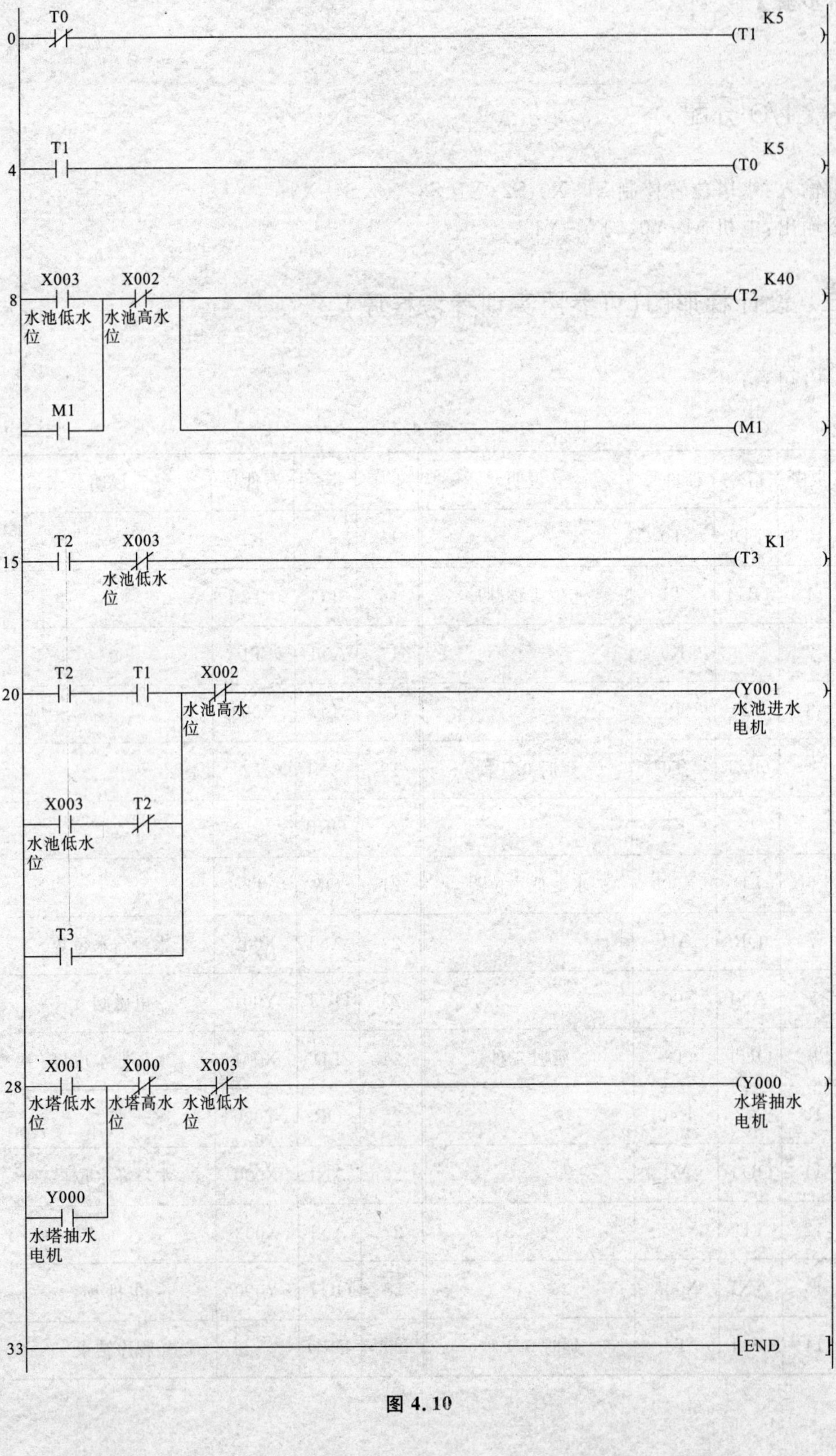
T0
K5
(T1)
T1
K5
(T0)
X003
水池低水位
X002
水池高水位
K40
(T2)
M1
(M1)
T2
X003
水池低水位
K1
(T3)
T2
T1
X002
水池高水位
(Y001)
水池进水电机
X003
水池低水位
T2
T3
X001
水塔低水位
X000
水塔高水位
X003
水池低水位
(Y000)
水塔抽水电机
Y000
水塔抽水电机
[END]
0
4
8
15
20
28
33

图4.10

三、接线

如图水塔位置控制中的 S1、S2、S3、S4 分别接主机的输入点 X0、X1、X2、X3，M、Y 分别接主机的输出点 Y0、Y1。

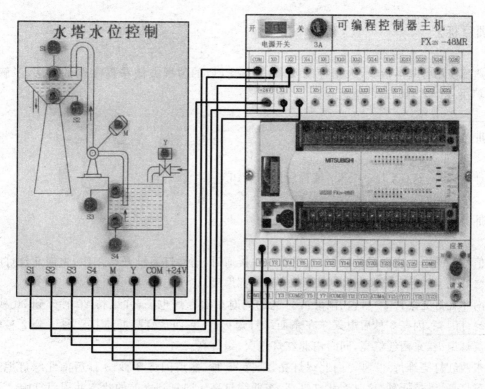

图 4.11

四、下载程序进行调试

通过专用电缆连接计算机与 PLC 主机，下载程序。将 PLC 主机上的"STOP/RUN"按钮拨到"RUN"位置，运行指示灯点亮，表明程序开始运行。

当水池水位低于水池低水位，水池进水阀打开进水。如果水池进水阀打开 4 秒后水池水位还未达到低水位，那么指示灯闪烁，开始报警。如果水池进水阀打开后水位上升，直到上升到水池高水位，就将水池进水阀关闭。如果水池水位超过低水位并且水塔水位低于水塔低水位，抽水电机运转抽水，直到水塔水位高于高水位，停止抽水电机。

【实训报告】

按照实训要求，填写实训报告。

实训四　十字路口交通灯控制的模拟

【实训目标】

熟练使用各基本指令,根据控制要求,掌握 PLC 的编程方法和程序调试方法,了解用 PLC 解决一个实际问题的全过程。

【实训器材】

计算机、三菱 GX Developer 编程软件、THPLC-C 实训台。

【实训内容】

信号灯受一个启动开关控制,当启动开关接通时,信号灯系统开始工作,先南北红灯亮,东西绿灯亮。当启动开关断开时,所有信号灯都熄灭。

南北红灯亮维持 25 秒,在南北红灯亮的同时东西绿灯也亮,并维持 20 秒。到 20 秒时东西绿灯闪亮,闪亮 3 秒后熄灭。在东西绿灯熄灭时,东西黄灯亮并维持 2 秒。到 2 秒时,东西黄灯熄灭、东西红灯亮,同时南北红灯熄灭、绿灯亮。

东西红灯亮维持 30 秒。南北绿灯亮,维持 25 秒,然后闪烁 3 秒,3 秒后南北绿灯熄灭、南北黄灯亮,维持两秒,这时南北红灯亮,东西绿灯亮。回复到之前的状态并周而复始。

在十字路口交通灯模拟控制实训区完成本实训。十字路口交通灯控制的实训面板如图 4.12 所示。

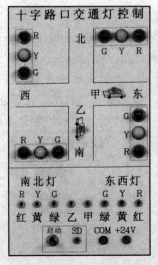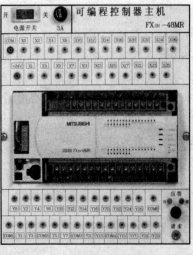

图 4.12

【实训步骤】

一、I/O 分配

①输入:启动 SD-X0;

②输出:南北红 R-Y2、南北黄 Y-Y1、南北绿 G-Y0、东西红 R-Y5、东西黄 Y-Y4、东西绿 G-Y3。

二、设计梯形图(可参照实训参考程序)

①语句表:

表 4.5

步序	指令	器件号	说明	步序	指令	器件号	说明
0	LD	X000	启动	42	LD	Y002	
1	ANI	T4		43	ANI	T6	
2	OUT	T0	南北红灯 25 秒	44	LD	T6	
3		K250		45	ANI	T7	
4	LD	T0		46	ORB		
5	OUT	T4	东西红灯 30 秒	47	OUT	T12	延时 1 秒
6		K300		48		K10	
7	LD	X000		49	LD	T12	
8	ANI	T0		50	ANI	T10	
9	OUT	T6	东西绿灯 20 秒	51	OUT	Y007	东西向通行
10		K200		52	LD	T7	
11	LD	T6		53	ANI	T5	
12	OUT	T10	东西向通行 22 秒	54	OUT	Y004	东西黄灯工作
13		K220		55	LD	Y005	
14	OUT	T7	东西绿灯闪烁	56	ANI	T1	
15		K30		57	LD	T1	
16	LD	T7		58	ANI	T2	
17	OUT	T5	东西黄灯 2 秒	59	AND	T22	
18		K20		60	ORB		
19	LD	T0		61	OUT	Y000	南北绿灯工作
20	OUT	T1	南北绿灯 25 秒	62	LD	Y005	

步序	指令	器件号	说明	步序	指令	器件号	说明
21		K250		63	ANI	T1	
22	LD	T1		64	LD	T1	
23	OUT	T11	南北向通行 27 秒	65	ANI	T2	
24		K270		66	ORB		
25	OUT	T2	南北绿灯闪烁	67	OUT	T13	延时 1 秒
26		K30		68		K10	
27	LD	T2		69	LD	T13	
28	OUT	T3	南北黄灯 2 秒	70	ANI	T11	
29		K20		71	OUT	Y006	南北向车行驶
30	LDI	T0		72	LD	T2	
31	AND	X000		73	ANI	T3	
32	OUT	Y002	南北红灯工作	74	OUT	Y001	南北黄灯工作
33	LD	T0		75	LD	X000	
34	OUT	Y005	东西红灯工作	76	ANI	T23	
35	LD	Y002		77	OUT	T22	产生 1 秒脉冲
36	ANI	T6		78		K5	
37	LD	T6		79	LD	T22	
38	ANI	T7		80	OUT	T23	
39	AND	T22		81		K5	
40	ORB			82	END		程序结束
41	OUT	Y003	东西绿灯工作				

② 梯形图：

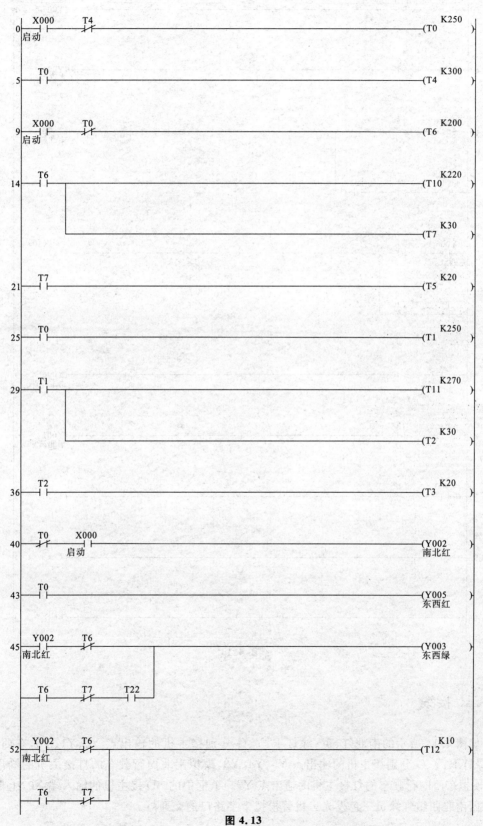

图 4.13

```
        T12      T10                                              (Y007  )
60  ─┤├──────┤├────────────────────────────────────────────────  东西车辆

        T7       T5                                               (Y004  )
63  ─┤├──────┤├────────────────────────────────────────────────  东西黄

        Y005     T1                                               (Y000  )
66  ─┤├──────┤/├─────┬─────────────────────────────────────────  南北绿
        东西红            │
            T1       T2    T22
        ─┤├──────┤/├────┤├──┘

        Y005     T1                                                    K10
73  ─┤├──────┤/├─────┬─────────────────────────────────────────  (T13  )
        东西红            │
            T1       T2
        ─┤├──────┤/├──────┘

        T13      T11                                              (Y006  )
81  ─┤├──────┤/├────────────────────────────────────────────────  南北车辆

        T2       T3                                               (Y001  )
84  ─┤├──────┤/├────────────────────────────────────────────────  南北黄

        X000     T23                                                   K5
87  ─┤├──────┤/├────────────────────────────────────────────────  (T22  )
        启动

        T22                                                           K5
92  ─┤├──────────────────────────────────────────────────────────  (T23  )

96  ─────────────────────────────────────────────────────────────  [END  ]
```

续图 4.13

三、接线

如图 4.14 所示的南北红、黄、绿灯 R、Y、G 分别接主机的输出点 Y2、Y1、Y0,东西红、黄、绿灯 R、Y、G 分别接主机的输出点 Y5、Y4、Y3,模拟南北向行驶车的灯接主机的输出点 Y6,模拟东西向行驶车的灯接主机的输出点 Y7。下框中的 SD 接主机的输入端 X0,上框中的东西南北四组红绿黄三色发光二极管模拟十字路口的交通灯。

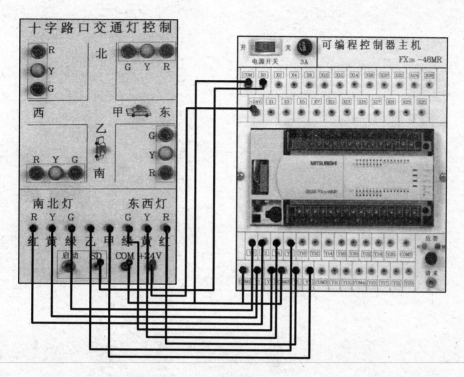

图 4.14

四、下载程序进行调试

通过专用电缆连接计算机与 PLC 主机,下载程序。将 PLC 主机上的"STOP/RUN"按钮拨到"RUN"位置,运行指示灯点亮,表明程序开始运行。

当启动开关 SD 关上后,观察红绿灯是否按照原定设计要求执行。

有无程序抢先执行、同时执行、滞后执行的情况发生。考虑时间设定是否合理,如在现实应用中能否正常应用,会不会造成交通混乱,并进行程序的完善。

【实训报告】

按照实训要求,填写实训报告。

模块三

PLC步进指令与编程

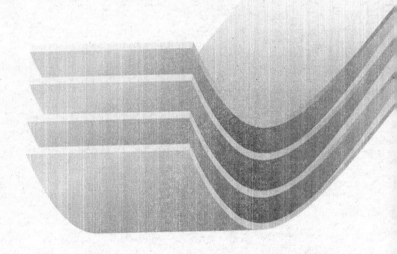

项目五

PLC步进指令训练

实训一　单序列步进指令训练

【实训目标】

① 掌握单序列步进指令的使用方法；
② 学会用步进指令进行编程；
③ 熟悉 PLC 实验装置。

【实训器材】

计算机、三菱 GX Developer 编程软件、THPLC-C 实训台。

【实训内容】

设计简单的电动机启动/停止步进程序：按"启动"按钮电机启动，按"停止"按钮电机停止，并在 THPLC-C 上进行仿真。

【实训步骤】

一、I/O 分配

PLC 输入 X000 为"启动"按钮，X001 为"停止"按钮；输出 Y000。

二、画出 PLC 原理接线图

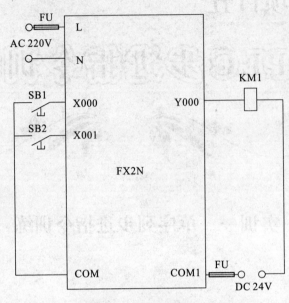

图 5.1　PLC 原理接线图

打开 GX Developer 软件,在 c:\MELSEC 目录下新建工程"电动机启停",并在工程中输入如图 5.2 所示程序。

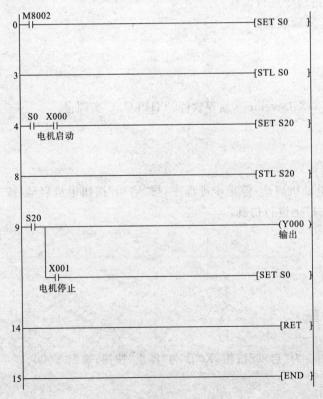

图 5.2

三、完成接线

用导线将可编程控制器主机模块上的＋24V、COM、X0、X1分别与基本指令编程练习模块上的＋24V、COM、X0、X1相连。

四、操作过程

合上可编程控制器主机面板图中的电源开关。
① 将主机上的"RUN"、"STOP"置于"RUN"状态；
② 按下"启动"按钮，X000灯亮、Y000灯亮；
③ 按下"停止"按钮，X001灯亮、Y000灯灭；
④ 注意X000和X001按钮为点动按钮。

【实训报告】

按照实训要求，填写实训报告。

【实训知识】

顺序控制是按一定的顺序动作。在工业控制领域许多的控制过程都可用顺序控制的方式来实现，步进指令是专为顺序控制而设计的指令。使用步进指令实现顺序控制既方便实现又便于阅读修改。

一、步进顺控指令

1. 步进接点指令 STL
① 梯形图符号：—‖—。
② 功能：激活某个状态或称某一步，在梯形图上表现为从主母线上引出的状态接点。STL指令具有建立子母线的功能，以使该状态的所有操作均在子母线上进行。
③ STL指令在梯形图中的表示：

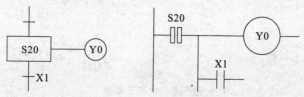

图5.3　STL指令

2. 步进返回指令 RET
① 梯形图符号：—[RET]。
② 功能：返回主母线。

RET 步进返回指令用于步进指令 STL 建立的子母线返回,当步进顺序程序结束时,必须使用 RET 指令,否则程序将出现逻辑错误。

二、状态流程图

状态流程图又称为状态转移图,一个顺序控制过程可分为若干个阶段,也称为步或状态,每个状态都有不同的动作。当相邻两状态之间的转换条件得到满足时,就将实现转换,即由上一个状态转换到下一个状态执行。常用状态转移图(功能表图)描述这种顺序控制过程。

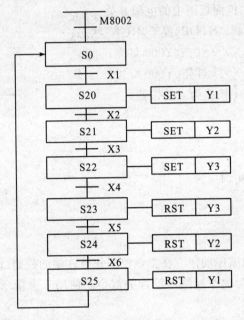

图 5.4 状态转移图

图中单框 S0 表示为初始步,单框中的 S20、S21、S22、S23、S24、S25 依次根据工艺顺序要求而设置的各活动步。S0 初始步上方垂线上设有 M8002,其为初始步激活的条件。M8002 为特殊辅助继电器的常开触点,其作用仅在 PLC 通电瞬间接通。

1. 状态的三要素

状态转移图中的状态有驱动负载、指定转移目标和指定转移条件三个要素。

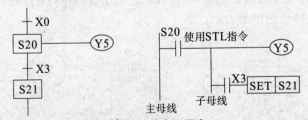

图 5.5 状态三要素

图中,Y5:驱动的负载;S21:转移目标;X3:转移条件。归纳起来状态流程图的三要素为:

① 状态任务,即本状态做什么。

② 状态转移条件,即满足什么条件实现状态转移。

③ 状态转移方向,即转移到什么状态去。

2. 状态元件

FX 2N系列 PLC 的状态元件。

表 5.1

类别	编号	数量	用途
初始状态	S0～S9	10	设置初始状态
回原点状态	S10～S19	10	返回原点控制
一般状态	S20～S499	480	用于步进顺控中间状态
断电保持状态	S500～S899	400	用于停电恢复后继续保持运行状态
报警状态	S900～S999	100	用于信号报警

注：

① 状态的编号必须在指定的范围内选择；

② 各状态元件的触点，在 PLC 内部可以自由使用，次数不限；

③ 在不用步进顺控指令（STL）时，状态元件可以作为辅助继电器在程序中使用；

④ 通过参数设置，可以改变一般状态元件和掉电保持状态元件的地址分配。

三、步进顺控指令使用说明

步进顺控指令使用非常方便、快捷，但是和普通指令相比，步进顺控指令在使用中除了指令输入方法的要求以外，还加入了格式顺序的概念。使用步进顺控指令必须严格按照使用说明中的格式来进行。

① 步进触点与主母线连接，具有主控和跳转的作用。当步进接点闭合时，具有主控作用，步进触点后的电路块动作。步进触点断开时，其后的电路块不动作，相当于被跳转。

② 状态继电器 S0～S899 只有使用 SET 指令后才具有步进顺控功能，提供步进触点。同时，状态继电器还提供普通的常开触点和常闭触点，如图 5.6 所示。

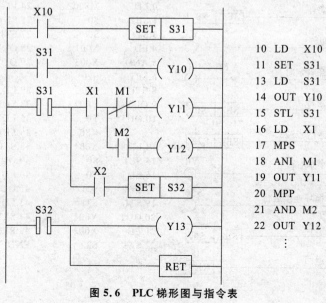

图 5.6 PLC 梯形图与指令表

③ 状态继电器可以作为普通继电器使用,功能与辅助继电器一样,这时不提供步进接点。

④ 状态转移可能在一个扫描周期内有多个状态同时动作。不允许同时动作的负载必须有连锁措施,相邻的两个状态不能使用同一个定时器。

⑤ 状态继电器可以按顺序使用,也可以任意使用。

⑥ 步进接点后不能使用主控 MC/MCR 指令。多重输出指令的应用要注意使用的位置。

例:小车停于 X1 处时,按启动按钮 X3 开始装料,8 秒后,小车自动左行,到 X2 点后停车,并卸料 10 秒,卸料后右行至 X1 处。如此可自动往返,故障时在任何运行状态均应能停止。

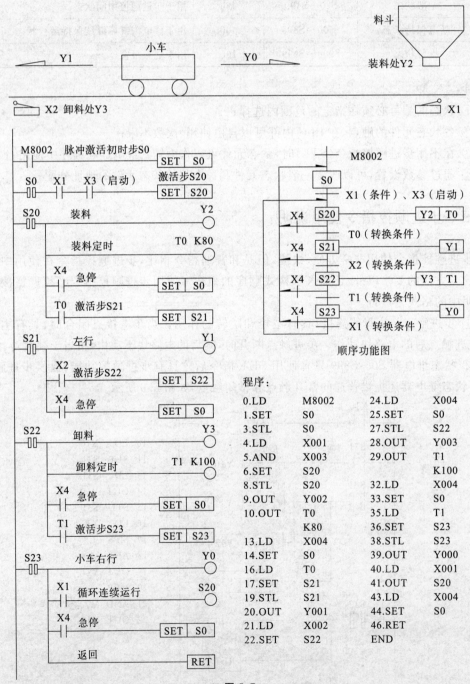

程序:

0.LD	M8002	24.LD	X004
1.SET	S0	25.SET	S0
3.STL	S0	27.STL	S22
4.LD	X001	28.OUT	Y003
5.AND	X003	29.OUT	T1
6.SET	S20		K100
8.STL	S20	32.LD	X004
9.OUT	Y002	33.SET	S0
10.OUT	T0	35.LD	T1
	K80	36.SET	S23
13.LD	X004	38.STL	S23
14.SET	S0	39.OUT	Y000
16.LD	T0	40.LD	X001
17.SET	S21	41.OUT	S20
19.STL	S21	43.LD	X004
20.OUT	Y001	44.SET	S0
21.LD	X002	46.RET	
22.SET	S22	END	

图 5.7

梯形图如图 5.7 所示,其工作过程如下:

① 第一梯级中的:

LD M8002:M8002 为特殊辅助继电器的常开触点,其作用仅在 PLC 通电瞬间接通。

SET S0:SET 为置位指令,功能是驱动线圈,并使其具有自保功能。即在 PLC 通电的瞬间 M8002 产生一脉冲,将状态元件 S0 激活(并自保持)。

② 第二梯级中最左侧的:

STL S0:STL 为步进触点指令,功能为步进触点驱动,当上一步(1.SET S0)为置位时该接点闭合。

LD X001:为小车停止位置的必要条件,即小车开始时必须停在 X1 位置(该接点才能闭合),此时按外部的按钮(SB1)从而驱动 X3(5.AND X003)的闭合,程序才能执行,这就是所说的条件。当这两个条件满足后才能激活状态元件 S20(6.SET S20),从而转入第三梯级。

③ 第三梯级中左侧的:

S20(8.STL S20),因状态元件 S20 的激活而导通,输出继电器 Y002(9.OUT Y002)接通(带动外部的接触器开始工作),开始装料。而同时 T0(10.OUT T0 K80)则开始计时(其整定值为 8S),时间一到,时间继电器的常开触点接通(16.LD T0)并激活状态元件 S21(17.SET S21),当 S21 一旦激活,程序自动转入第四梯级,同时第三梯级停止运行。此时在装料的过程中一旦出现故障,可按外部按钮(SB2)使 X4(13.LD X004)导通从而激活 S0,使程序回归于第二梯级,由于第二梯级有 X3 的把持,使程序不能再运行下去,故起了急停的作用。

④ 第四梯级中左侧的:

S21(19.STL S21),因状态元件 S21 的激活而导通,输出继电器 Y001(20.OUT Y001)接通(带动外部的反转接触器开始工作)小车左行,至 X2 处,限位开关使 X2(21.LD X002)闭合并激活状态元件 S22(22.SET S22)程序自动转入第五梯级,同时第四梯级停止运行。而 X4 的作用与第三梯级中的作用相同。

⑤ 第五梯级中左侧的:

开始卸料,而 T1(29.OUT T1 K100)同时开始计时(其整定值为 10S),时间一到,时间继电器的常开触点 T1(35.LD T1)接通并激活状态元件 S23(36.SET S23),当 S23 一旦激活,程序自动转入第六梯级,同时第五梯级停止运行。而 X4 的作用与第三梯级中的作用相同。

⑥ 第六梯级中左侧的:

S23(38.STL S23),因状态元件 S23 的激活而导通,输出继电器 Y000(39.OUT Y000)接通(带动外部的正转接触器开始工作)小车开始右行,此时若一切正常小车自动返回到 X1处,又重新由第三梯级处循环运行,若不正常则按下 X4 回归 S0 处。"46.RET"是步进结束指令,表示状态流程结束,用于返回主程序的指令。

四、步进顺控程序编程

1. 步进顺控程序的设计步骤

① 分配 PLC 的输入点和输出点,列出输入点和输出点分配表,画出 PLC 的外部接线图。

② 将控制过程分解,为每个工序分配一个状态元件。

③ 明确各状态的功能、作用。状态的功能是通过 PLC 驱动负载来完成的,负载可以由状态直接驱动,也可以由其他元件触点的逻辑组合来驱动。

④ 找出状态的转移条件和转移方向。状态的转移条件可以是单一的,也可以是多个元件的组合。

⑤ 根据控制要求或加工工艺要求,画出顺序控制的状态流程图。

⑥ 根据状态流程图画出相应的梯形图。

⑦ 根据梯形图写出对应的指令语句表。

⑧ 输入程序,调试、修改程序。

【实训拓展】

一、STL 指令的特点

① STL 触点是与左侧母线相连的常开触点,某 STL 触点接通,则对应的状态为活动步。

② 与 STL 触点相连的触点应用 LD 或 LDI 指令,只有执行完 RET 后才返回左侧母线,STL 触点可直接驱动或通过别的触点驱动 Y、M、S、T 等元件的线圈,也可以使 Y、M、S 等元件置位或复位。

③ 程序执行完某一步要进入到下一步时,要用 SET 指令进行状态转移,激活下一步,前一步能自动复位。

④ STL 步进接入指令有建立新母线的功能,其后进行的输出及状态转移操作都在新母线上进行。

⑤ FX1S 系列的状态继电器为停电保持型,在系统上电时,用 ZRST 指令将 S10～S127 状态继电器进行复位。

⑥ 各个 STL 触点驱动的电路一般放在一起,最后的一个电路结束时,一定要使用 RET 指令。

⑦ STL 触点驱动的电路中不能使用主控类指令 MC 和 MCR,可以使用跳转指令 CJ。

⑧ 在转换条件对应的电路中,不能使用 ANB、ORB、MPS、MRD、MPP 指令。具体如下表:

表 5.2 可在状态内处理的顺控指令一览表

指 令 状 态		LD/LDI/LDP/LDF AND/ANI/ANDP/ANDF OR/ORI/ORP/ORF/INV/OUT, SET/RST,PLS/PLF	ANB/ORB MPS/MRD/MPP	MC/MCR
初始状态/一般状态		可以使用	可以使用	不可使用
分支,汇合状态	输出处理	可以使用	可以使用	不可使用
	转移处理	可以使用	不可使用	不可使用

⑨ 状态置位的指令如果不在STL触点驱动的电路块内，执行置位指令时，系统程序不会自动将前级步对应的状态复位。

⑩ CPU只执行活动步对应的程序，因此允许同一元件的线圈在不同的STL接点后多次使用，即允许出现双线圈现象。

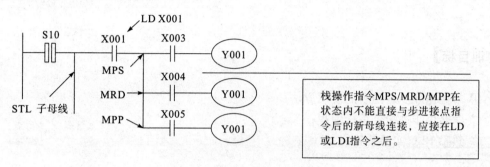

图5.8　栈操作指令的正确使用

二、STL指令的优点

① 在转换实现时，对前级步的状态和由它驱动的输出继电器的复位是由系统程序完成的，而不是用户程序在梯形图中完成的，因此程序最短。

② LD点被移到了STL触点的右端，对于选择序列分支的编程提供了方便。

③ CPU不执行处于断开状态的STL触点驱动的电路块中的指令，缩短了用户程序执行的时间。

④ 在使用STL指令的编程方法时，只需要注意某一步有哪些输出继电器应被驱动，不必考虑是否会出现双线圈现象，大大简化了输出电路的设计。

三、使用STL指令的编程规则

① 步与步不能直接相连，必须用转移分开。

② 转移与转移不能相连，必须用步分开。

③ 步与步之间的连接采用有向线，从上→下或由左→右画时，可以省略箭头。当有向线从下→上或由右→左时，必须画箭头，以明示方向。

④ 至少有1个起始步。

四、单一序列

由一系列前后相继激活的步组成，每步的后面紧接一个转移，每个转移后面只有一个步。

实训二　循环步进指令训练

【实训目标】

①掌握循环步进指令的使用方法；
②学会用步进指令进行编程；
③熟悉 PLC 实验装置。

【实训器材】

计算机、三菱 GX Developer 编程软件、THPLC-C 实训台。

【实训内容】

启动按钮 SB1(X0)用来开启运料小车,按 SB1 小车从原点启动,KM1(Y0)接触器吸合使小车向前运行直到碰 SQ2(X3)开关停,KM2(Y1)接触器吸合使甲料斗装料 5 秒,然后小车继续向前运行直到碰 SQ3(X4)开关停,此时 KM3(Y2)接触器吸合使乙料斗装料 3 秒,随后 KM4(Y3)接触器吸合小车返回原点直到碰 SQ1(X2)开关停止,KM5(Y4)接触器吸合使小车卸料 5 秒后完成一次循环。

小车连续循环与单次循环可按 SB2(X5)自锁按钮进行选择,当 SB2 为"0"时小车连续循环,当 SB2 为"1"时小车单次循环。

【实训步骤】

一、PLC I/O 分配及原理接线图

表 5.3

输入		输出	
SB1	X0	KM1	Y0
SQ1	X2	KM2	Y1
SQ2	X3	KM3	Y2
SQ3	X4	KM4	Y3
SB2	X5	KM5	Y4

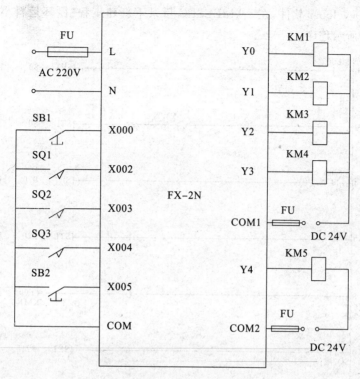

图 5.9　PLC 原理接线图

二、状态流程图

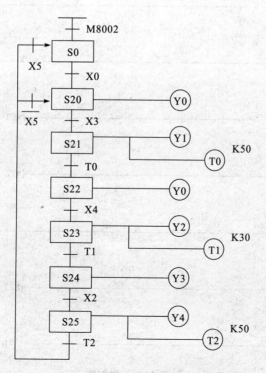

图 5.10　状态流程图

打开 GX Developer 软件,在 c:\MELSEC 目录下新建工程"循环运料小车",在工程中输入如图 5.11 所示程序。

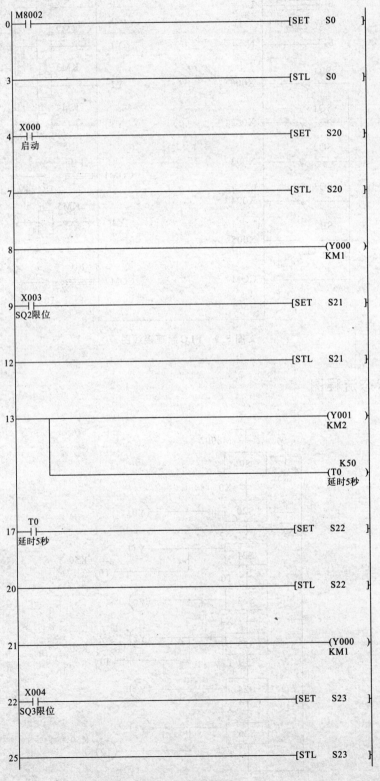

图 5.11 梯形图

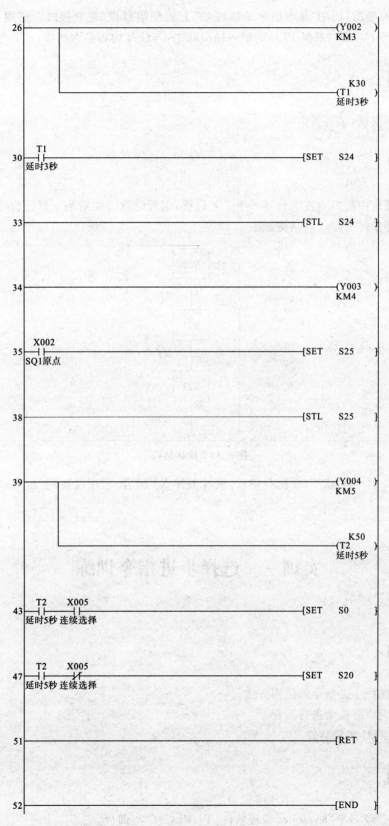

续图 5.11

按 PLC 原理图,使用"基本指令编程练习"上的按钮模拟,完成接线。使用按钮模拟行程开关 SQ1、SQ2、SQ3,观察 PLC 的输入输出状态,与任务内容是否相符。

【实训报告】

按照实训要求,填写实训报告。

【实训知识】

在生产过程中需要重复进行某一项工艺过程,编程时就需要对某一部分程序循环执行,直至完成循环条件满足。其结构如图 5.12 所示。

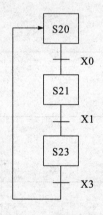

图 5.12　循环结构

在图 5.12 中,当"步"S23 执行完后,跳转条件 X3 闭合,程序跳转到"步"S20,完成 1 个循环。

实训三　选择步进指令训练

【实训目标】

① 掌握选择步进指令的使用方法;
② 学会用步进指令进行编程;
③ 熟悉 PLC 实验装置。

【实训器材】

计算机、三菱 GX Developer 编程软件、THPLC-C 实训台。

【实训内容】

启动按钮 SB1(X1)用来开启运料小车,选择按钮 SB2(X2)选择小车去装料的料斗。

选择按钮 SB2 选择甲料斗装料,按 SB1 小车从原点启动,KM1(Y1)接触器吸合使小车向前运行直到碰 SQ2(X3)开关停,KM2(Y2)接触器吸合使甲料斗装料 5 秒,随后 KM4(Y4)接触器吸合小车返回原点直到碰 SQ1(X4)开关停止,KM5(Y5)接触器吸合使小车卸料 5 秒后完成一次循环。

选择按钮 SB2(X2)选择乙料斗装料,按 SB1(X1)小车从原点启动,然后 KM1(Y1)接触器吸合使小车向前运行直到碰 SQ3(X5)开关停,此时 KM3(Y3)接触器吸合使乙料斗装料 3 秒,随后 KM4(Y4)接触器吸合小车返回原点直到碰 SQ1(X4)开关停止,KM5(Y5)接触器吸合使小车卸料 5 秒后完成一次循环。

【实训步骤】

一、PLC I/O 分配及原理接线图

表 5.4

输入		输出	
SB1	X1	KM1	Y1
SB2	X2	KM2	Y2
SQ2	X3	KM3	Y3
SQ3	X5	KM4	Y4
SQ1	X4	KM5	Y5

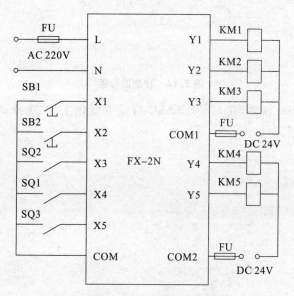

图 5.13　PLC 原理接线图

二、状态流程图

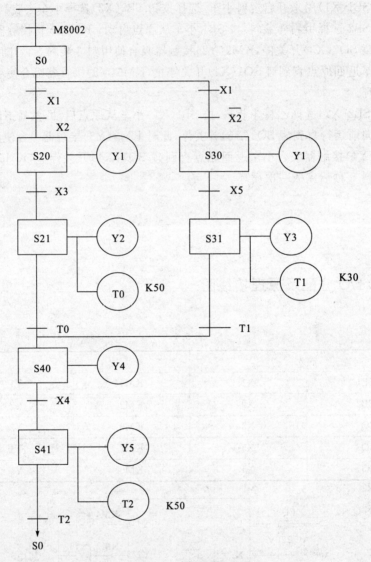

图 5.14　状态流程图

打开 GX Developer 软件，在 c:\MELSEC 目录下新建工程"选择运料小车"，并在工程中输入如图 5.15 程序。

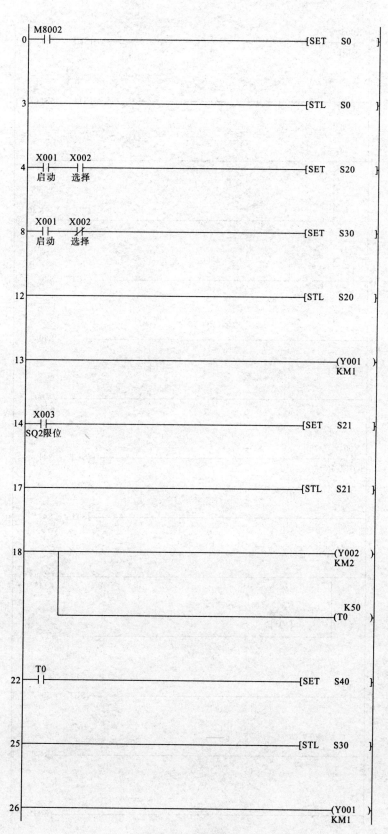

图 5.15　梯形图

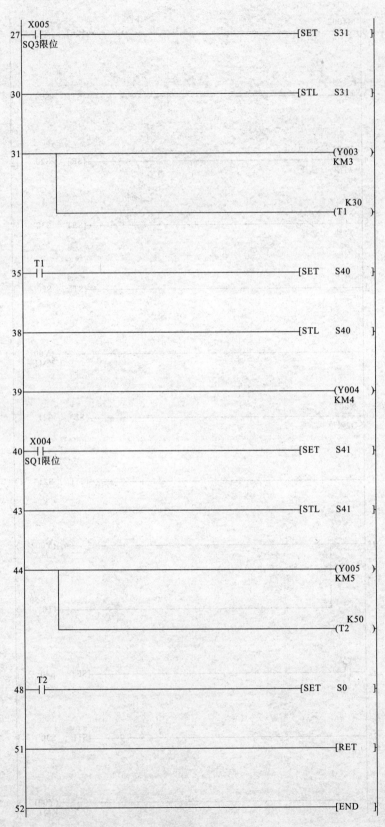

续图 5.15

　　按 PLC 原理图,使用"基本指令编程练习"上的按钮模拟,完成接线,使用按钮模拟行程开关 SQ1、SQ2、SQ3,观察 PLC 的输入输出状态,与任务内容是否相符。

【实训报告】

　　按照实训要求,填写实训报告。

【实训知识】

　　从多个分支流程中选择其中一个分支流程的状态流程图称为选择性分支状态流程图。

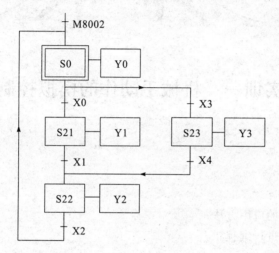

图 5.16　选择序列步进指令分支

　　如果在某一步的后面有 N 条选择性分支,则该步的 STL 触点开始的电路块中应有 N 条分别指明各转换条件和转换目标的并联电路,如图 5.17 中实线框所示。

　　选择性分支的合并:合并时分别得到每个分支的步进触点驱动电路块,如图 5.17 中虚线框所示。

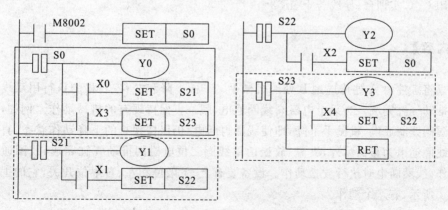

图 5.17　选择序列步进指令汇合

项目六
PLC步进指令应用

实训一　机械手动作的模拟控制

【实训目标】

　　① 掌握步进指令的应用方法；

　　② 应用步进指令进行编程；

　　③ 熟悉 PLC 实训装置。

【实训器材】

　　计算机、三菱 GX Developer 编程软件、三菱 FX2N-48MR PLC 1 台、三菱编程电缆 1 根、THPLC-C 实训台、导线若干。

【实训内容】

　　一只将工件由 A 处传送到 B 处的机械手，上升/下降和左移/右移的执行用双线圈二位电磁阀推动气缸完成。当某个电磁阀线圈通电，就一直保持现有的机械动作。例如，一旦下降的电磁阀线圈通电，机械手下降，即使线圈再断电，仍保持现有的下降动作状态，直到相反方向的线圈通电为止。另外，夹紧/放松由单线圈二位电磁阀推动气缸完成，线圈通电执行夹紧动作，线圈断电时执行放松动作。设备装有上、下限位和左、右限位开关，它的工作过程如图 6.1 所示，有八个动作。

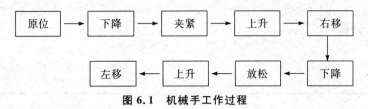

图 6.1　机械手工作过程

在 THPLC-C 实训台机械手动作的模拟实训区完成本实训。

【实训步骤】

一、工艺过程分析

当机械手处于原位时，上升限位开关 X002、左限位开关 X004 均处于接通（"1"状态），移位寄存器数据输入端接通，使 M100 置"1"，Y005 线圈接通，原位指示灯亮。

按下启动按钮，X000 置"1"，产生移位信号，M100 的"1"态移至 M101，下降阀输出继电器 Y000 接通，执行下降动作，由于上升限位开关 X002 断开，M100 置"0"，原位指示灯灭。

当下降到位时，下限位开关 X001 接通，产生移位信号，M100 的"0"态移位到 M101，下降阀 Y000 断开，机械手停止下降，M101 的"1"态移到 M102，M200 线圈接通，M200 动合触点闭合，夹紧电磁阀 Y001 接通，执行夹紧动作，同时启动定时器 T0，延时 1.7 秒。

机械手夹紧工件后，T0 动合触点接通，产生移位信号，使 M103 置"1"，"0"态移位至 M102，上升电磁阀 Y002 接通，X001 断开，执行上升动作。由于使用 S 指令，M200 线圈具有自保持功能，Y001 保持接通，机械手继续夹紧工件。

当上升到位时，上限位开关 X002 接通，产生移位信号，"0"态移位至 M103，Y002 线圈断开，不再上升，同时移位信号使 M104 置"1"，X004 断开，右移阀继电器 Y003 接通，执行右移动作。

待移至右限位开关动作位置，X003 动合触点接通，产生移位信号，使 M103 的"0"态移位到 M104，Y003 线圈断开，停止右移，同时 M104 的"1"态已移到 M105，Y000 线圈再次接通，执行下降动作。

当下降到使 X001 动合触点接通位置，产生移位信号，"0"态移至 M105，"1"态移至 M106，Y000 线圈断开，停止下降，R 指令使 M200 复位，Y001 线圈断开，机械手松开工件。同时 T1 启动延时 1.5 秒，T1 动合触点接通，产生移位信号，使 M106 变为"0"态，M107 为"1"态，Y002 线圈再度接通，X001 断开，机械手又上升，行至上限位置，X002 触点接通，M107 变为"0"态，M110 为"1"态，Y002 线圈断开，停止上升，Y004 线圈接通，X003 断开，左移。

到达左限位开关位置，X004 触点接通，M110 变为"0"态，M111 为"1"态，移位寄存器全部复位，Y004 线圈断开，机械手回到原位，由于 X002、X004 均接通，M100 又被置"1"，完成一个工作周期。

再次按下启动按钮，将重复上述动作。

二、I/O 分配

表 6.1

输入		输出	
SB1	X0	YV1	Y0
SB2	X5	YV2	Y1
SQ1	X1	YV3	Y2
SQ2	X2	YV4	Y3
SQ3	X3	YV5	Y4
SQ4	X4	HL	Y5

三、编制梯形图

编制梯形图并写出实验程序,实验梯形图参考图。

①语句表:

表 6.2 程序一

步序	指令	器件号	说明	步序	指令	器件号	说明
1	LD	M8002		33	LD	X003	右限位开关
2	SET	S0	初始步	34	SET	S24	
3	STL	S0	初始步	35	STL	S24	
4	LD	M8000		36	LD	M8000	
5	RST	Y001	夹紧电磁阀	37	OUT	Y000	下降电磁阀
6	LDI	X004	左限位开关	38	LD	X001	下降限位开关
7	OUT	Y004	左行电磁阀	39	SET	S25	
8	LDI	X002	上限位开关	40	STL	S25	
9	OUT	Y002	上升电磁阀	41	LD	M8000	
10	LD	X000	启动	42	RST	Y001	夹紧电磁阀
11	AND	X004	左限位开关	43	OUT	T1	
12	AND	X002	上限位开关	44		K10	
13	SET	S20		45	LD	T1	
14	STL	S20		46	SET	S26	
15	LD	M8000		47	STL	S26	
16	OUT	Y000	下降电磁阀	48	LD	M8000	
17	LD	X001	下降限位开关	49	OUT	Y002	上升电磁阀
18	SET	S21		50	LD	X002	上限位开关
19	STL	S21		51	SET	S27	
20	LD	M8000		52	STL	S27	
21	SET	Y001	夹紧电磁阀	53	LD	M8000	
22	OUT	T0		54	OUT	Y004	左行电磁阀
23		K10		55	LD	X004	左限位开关
24	LD	T0		56	SET	S0	初始步
25	SET	S22		57	RET		

步序	指令	器件号	说明	步序	指令	器件号	说明
26	STL	S22		58	LD	X002	上限位开关
27	OUT	Y002	上升电磁阀	59	AND	X004	左限位开关
28	LD	X002	上限位开关	60	OUT	Y005	原位指示灯
29	SET	S23		61	LD	X005	停止
30	STL	S23		62	ZRST	S20	
31	LD	M8000		63		S27	
32	OUT	Y003	右行	64	SET	S0	初始步
				65	END		

表 6.3 程序二

步序	指令	器件号	说明	步序	指令	器件号	说明
1	LD	M8002		27	LD	X1	到达限位
2	SET	S0	初始步	28	SET	S25	
3	STL	S0		29	STL	S25	
4	RST	Y1	复位夹紧	30	RST	Y1	松开
5	LD	X0	启动	31	OUT	T1	
6	SET	S20		32		K10	
7	STL	S20		33	LD	T1	
8	OUT	Y0	下降	34	SET	S26	
9	LD	X1	到达限位	35	STL	S26	
10	SET	S21		36	OUT	Y2	
11	STL	S21		37	LD	X2	到达限位
12	SET	Y1	夹紧	38	SET	S27	
13	OUT	T0		39	STL	S27	
14		K10		40	OUT	Y4	左行
15	LD	T0		41	LD	X4	到达限位
16	SET	S22		42	SET	S0	
17	STL	S22		43	RET		
18	OUT	Y2	上升	44	LD	X2	到达限位
19	LD	X4	到达限位	45	AND	X4	到达限位
20	SET	S23		46	OUT	Y5	
21	STL	S23		47	LD	X5	停止
22	OUT	Y3	右行	48	ZRST	S20	
23	LD	X3	到达限位	49		S27	
24	SET	S24		50	SET	S0	
25	STL	S24			END		结束
26	OUT	Y0	下降				

② 梯形图：

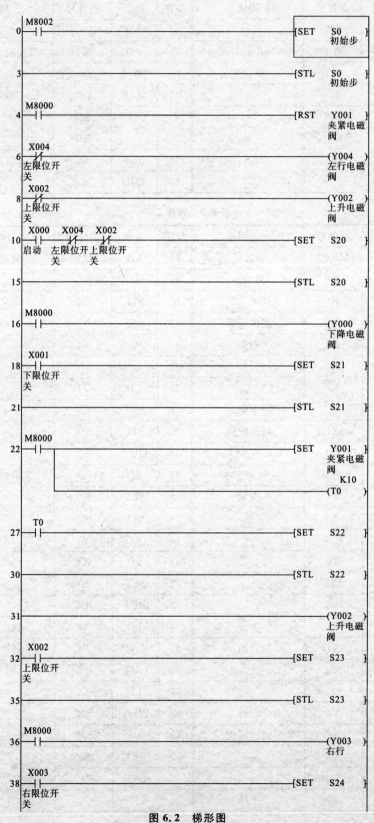

图 6.2 梯形图

41 ──[STL   S24]

42 ┤ M8000 ├──────────────────────────────────────(Y000)
   ├┤   下降电磁
                                                   阀

44 ┤ X001 ├───────────────────────────────────[SET   S25]
   下降限位
   开关

47 ──[STL   S25]

48 ┤ M8000 ├──────────────────────────────────[RST   Y001]
   ├┤   夹紧电磁
   │   阀
   │   K10
   └──(T1   )

53 ┤ T1 ├─────────────────────────────────────[SET   S26]

56 ──[STL   S26]

57 ┤ M8000 ├──────────────────────────────────────(Y002)
   ├┤   上升电磁
                                                   阀

59 ┤ X002 ├───────────────────────────────────[SET   S27]
   上限位开
   关

62 ──[STL   S27]

63 ┤ M8000 ├──────────────────────────────────────(Y004)
   ├┤   左行电磁
                                                   阀

65 ┤ X004 ├───────────────────────────────────[SET   S0]
   左限位开   初始步
   关

68 ──[RET]

69 ┤ X002 ├┤ X004 ├───────────────────────────────(Y005)
   上限位开 左限位开   原位指示
   关   关   灯
72 ┤ X005 ├───────────────────────────────[ZRST S20   S27]
   停止   │
          └──────────────────────────────────[SET   S0]
                                                   初始步

80 ──[END]

续图 6.2

四、接线

如图 6.3 所示,机械手动作模拟的 YV1、YV2、YV3、YV4、YV5、HL 分别接主机的输出点 Y0、Y1、Y2、Y3、Y4、Y5;机械手动作模拟的 SB1、SB2 分别接主机的输入点 X0、X5;机械手动作模拟的 SQ1、SQ2、SQ3、SQ4 分别接主机的输入点 X1、X2、X3、X4。

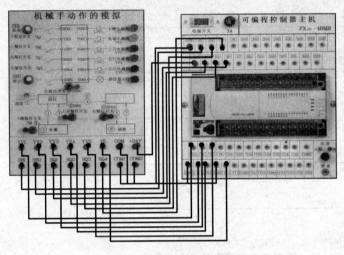

图 6.3　机械手实训接线图

五、下载程序进行调试

通过专用电缆连接计算机与 PLC 主机,下载程序。将 PLC 主机上的"STOP/RUN"按钮拨到"RUN"位置,运行指示灯点亮,表明程序开始运行。

启动、停止用动断按钮来实现,限位开关用钮子开关来模拟,电磁阀和原位指示灯用发光二极管来模拟。

根据工艺过程对上述程序进行调试,观察 PLC 程序是否能满足工艺要求。

【实训报告】

按照实训要求,填写实训报告。

实训二　五相步进电动机控制的模拟

【实训目标】

① 掌握步进指令的应用方法;

② 应用步进指令进行编程；

③ 熟悉 PLC 实训装置。

【实训器材】

计算机、三菱 GX Developer 编程软件、三菱 FX2N-48MR PLC 1 台、三菱编程电缆 1 根、THPLC-C 实训台、导线若干。

【实训内容】

要求对五相步进电动机五个绕组依次自动实现如下方式的循环通电控制：

第一步：A~B~C~D~E；

第二步：A~AB~BC~CD~DE~EA；

第三步：AB~ABC~BC~BCD~CD~CDE~DE~DEA；

第四步：EA~ABC~BCD~CDE~DEA。

【实训步骤】

一、I/O 分配

表 6.4

输入		输出	
启动按钮 SD	X0	A	Y1
		B	Y2
		C	Y3
		D	Y4
		E	Y5

二、编制梯形图

编制梯形图并写出实验程序，实验梯形图参考图。

①语句表：

表 6.5

步序	指令	器件号	说明	步序	指令	器件号	说明
0	LD	M8002		43	OUT	Y5	E 线圈
1	SET	S0	初始步	44	CALL	P0	延时程序
2	STL	S0		45	LD	M0	
3	LD	X0	启动	46	SET	S27	

步序	指令	器件号	说明	步序	指令	器件号	说明
4	SET	S20		47	STL	S27	
5	STL	S20		48	OUT	Y4	D 线圈
6	OUT	Y1	A 线圈	49	OUT	Y5	E 线圈
7	OUT	Y2	B 线圈	50	OUT	Y1	A 线圈
8	CALL	P0	延时程序	51	CALL	P0	延时程序
9	LD	M0		52	LD	M0	
10	SET	S21		53	SET	S20	
11	STL	S21		54	RET		
12	OUT	Y1	A 线圈	55	LDI	X0	停止
13	OUT	Y2	B 线圈	56	ZRST	S20	
14	OUT	Y3	C 线圈	57		S27	
15	CALL	P0	延时程序	58	SET	S0	
16	LD	M0		59	FEND		
17	SET	S22		60	P0		延时程序
18	STL	S22		61	LD	M8000	
19	OUT	Y2	B 线圈	62	ANI	M0	
20	OUT	Y3	C 线圈	63	OUT	T0	
21	CALL	P0		64		K2	
22	LD	M0		65	LD	T0	
23	SET	S23		66	OUT	M0	
24	STL	S23		67	SRET		
25	OUT	Y2	B 线圈	68	END		
26	OUT	Y3	C 线圈				
27	OUT	Y4	D 线圈				
28	CALL	P0					
29	LD	M0					
30	SET	S24					
31	STL	S24					
32	OUT	Y3	C 线圈				
33	OUT	Y4	D 线圈				
34	CALL	P0	延时程序				
35	LD	M0					
36	SET	S25					
37	STL	S25					
38	OUT	Y3	C 线圈				
39	OUT	Y4	D 线圈				
40	OUT	Y5	E 线圈				
41	CALL	P0	延时程序				
42	LD	M0					
43	SET	S26					
44	STL	S26					
45	OUT	Y4	D 线圈				

② 梯形图：

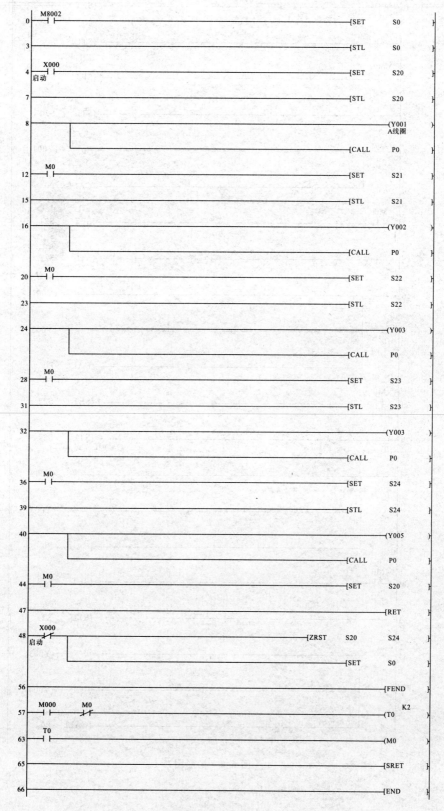

图 6.4 梯形图

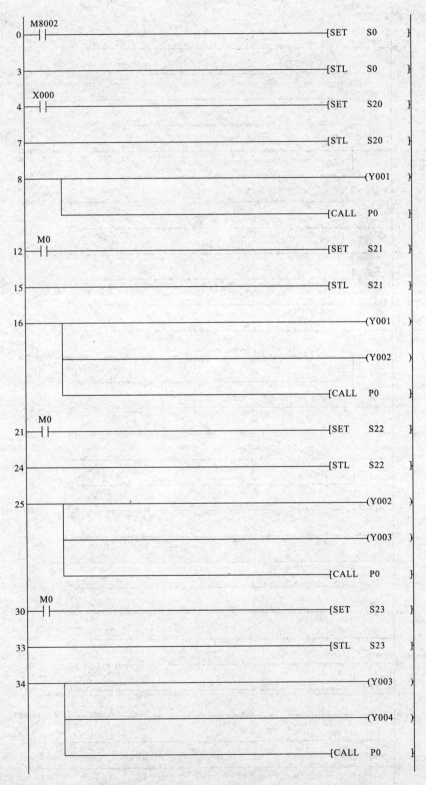

图 6.5　梯形图二

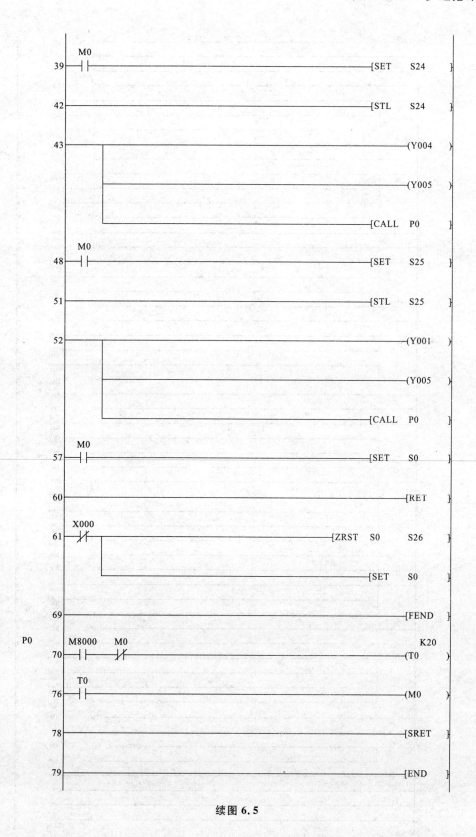

续图 6.5

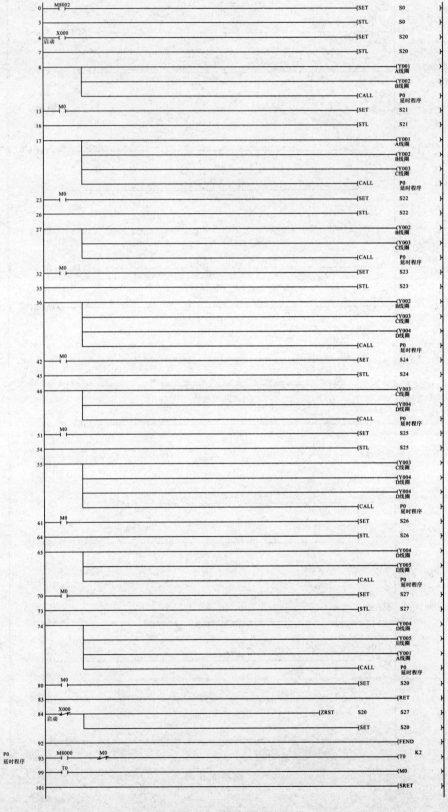

图 6.6　梯形图三

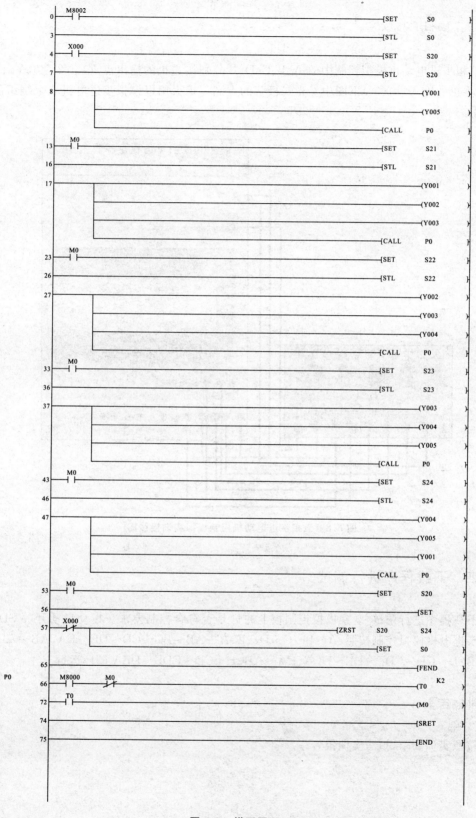

图 6.7　梯形图四

三、接线

五相步进电动机模拟控制中的 A、B、C、D、E 分别接主机的输出点 Y1、Y2、Y3、Y4、Y5；SD 接主机的输入点 X0。下图中发光二极管的点亮与熄灭用以模拟步进电机五个绕组的导电状态。

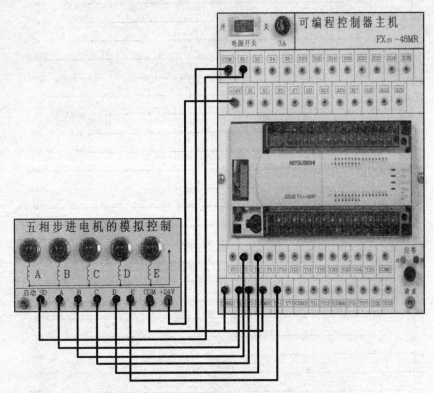

图 6.8　五相步进电动机控制模拟实训接线图

四、下载程序进行调试

下载程序进行调试，观察模拟控制板上的灯是否符合控制要求。拨动启动开关 SD 后，五相步进电机模拟控制按照：A～B～C～D～E、A～AB～BC～CD～DE～EA、AB～ABC～BC～BCD～CD～CDE～DE～DEA、EA～ABC～BCD～CDE～DEA 循环运行。

【实训报告】

按照实训要求，填写实训报告。

【实训知识】

一、步进电机

步进电机是一种将电脉冲转化为角位移的执行机构。通俗一点讲,当步进驱动器接收到一个脉冲信号,它就驱动步进电机按设定的方向转动一个固定的角度(即步进角)。步进电机不能直接接到直流或交流电源上工作,必须使用专用的驱动电源(步进电机驱动器)。控制器(脉冲信号发生器)可以通过控制脉冲的个数来控制角位移量,从而达到准确定位的目的,同时可以通过控制脉冲频率来控制电机转动的速度和加速度,从而达到调速的目的。

二、步进电机用途

步进电机是一种控制用的特种电机,作为执行元件,是机电一体化的关键设备之一,随着微电子和计算机技术的发展(步进电机驱动器性能提高),步进电机的需求量与日俱增。步进电机在运行中精度没有累积误差的特点,使其广泛应用于各种自动化控制系统,特别是开环控制系统。

三、步进电机分类

1. 按结构分

步进电机也叫脉冲电机,按结构分为反应式步进电机(VR)、永磁式步进电机(PM)、混合式步进电机(HB)等。

(1) 反应式步进电机

也叫感应式、磁滞式或磁阻式步进电机。其定子和转子均由软磁材料制成,定子上均匀分布的大磁极上装有多相励磁绕组,定、转子周边均匀分布小齿和槽,通电后利用磁导的变化产生转矩。一般为三、四、五、六相;可实现大转矩输出(消耗功率较大,电流最高可达20 A,驱动电压较高);步距角小(最小可做到10′);断电时无定位转矩;电机内阻尼较小,单步运行(指脉冲频率很低时)震荡时间较长;启动和运行频率较高。

(2) 永磁式步进电机

通常电机转子由永磁材料制成,软磁材料制成的定子上有多相励磁绕组,定、转子周边没有小齿和槽,通电后利用永磁体与定子电流磁场相互作用产生转矩。一般为两相或四相;输出转矩小(消耗功率较小,电流一般小于2A,驱动电压12V);步距角大(例如7.5°、15°、22.5°等);断电时具有一定的保持转矩;启动和运行频率较低。

(3) 混合式步进电机

也叫永磁反应式、永磁感应式步进电机,混合了永磁式和反应式的优点。其定子和四相反应式步进机没有区别(但同一相的两个磁极相对,且两个磁极上绕组产生的 N、S 极性必须相同),转子结构较为复杂(转子内部为圆柱形永磁铁,两端外套软磁材料,周边有小齿和槽)。一般为两相或四相;须供给正负脉冲信号;输出转矩较永磁式大(消耗功率相对较小);步距角较永磁式小(一般为 1.8°);断电时无定位转矩;启动和运行频率较高,是目前发展较快的一种步进电机。

2. 按工作方式分类

可分为功率式和伺服式两种。

(1) 功率式

输出转矩较大,能直接带动较大负载(一般使用反应式、混合式步进电机)。

(2) 伺服式

输出转矩较小,只能带动较小负载(一般使用永磁式、混合式步进电动机)。

四、步进电机的选择

① 首先选择类型,其次是具体的品种与型号。

② 反应式、永磁式和混合式三种步进电机的性能指标、外形尺寸、安装方法、脉冲电源种类和控制电路等都不同,价格差异也很大,选择时应综合考虑。

③ 具有集成控制电路的步进电机应优先考虑。

五、步进电机的基本参数

① 电机固有步距角:它表示控制系统每发一个步进脉冲信号,电机所转动的角度。电机出厂时给出了一个步距角的值,如 86BYG250A 型电机给出的值为 0.9°(表示半步工作时为 0.9°、整步工作时为 1.8°),这个步距角可以称之为"电机固有步距角",它不一定是电机工作时的实际步距角,实际步距角和驱动器有关。

② 步进电机的相数:指电机内部的线圈组数,目前常用的有二相、三相、四相、五相步进电机。电机相数不同,其步距角也不同,一般二相电机的步距角为 0.9°~1.8°、三相的为 0.75°/1.5°、五相的为 0.36°/0.72°。步进电机增加相数能提高性能,但步进电机的结构和驱动电源都会更复杂,成本也会增加。

③ 保持转矩(HOLDING TORQUE):也叫最大静转矩,是在额定静态电流下施加在已通电的步进电机转轴上而不产生连续旋转的最大转矩。它是步进电机最重要的参数之一,通常步进电机在低速时的力矩接近保持转矩。由于步进电机的输出力矩随速度的增大而不断衰减,输出功率也随速度的增大而变化,所以保持转矩就成为了衡量步进电机性能最重要的参数之一。例如,当人们说 2N·m 的步进电机,在没有特殊说明的情况下是指保持转矩为 2N·m 的步进电机。

④ 步距精度:可以用定位误差来表示,也可以用步距角误差来表示。

⑤ 矩角特性:步进电机的转子离开平衡位置后所具有的恢复转矩,随着转角的偏移而变化。步进电机静转矩与失调角的关系称为矩角特性。

⑥ 静态温升:指电机静止不动时,按规定的运行方式中最多的相数通以额定静态电流,达到稳定的热平衡状态时的温升。

⑦ 动态温升:电机在某一频率下空载运行,按规定的运行时间进行工作,运行时间结束后电机所达到的温升叫动态温升。

⑧ 转矩特性:它表示电机转矩和单相通电时励磁电流的关系。

⑨ 启动矩频特性:启动频率与负载转矩的关系称为启动矩频特性。

⑩ 升降频时间:指电机从启动频率升到最高运行频率或从最高运行频率降到启动频率所需的时间。

实训三　天 塔 之 光

【实训目标】

① 掌握步进指令的应用方法;

② 应用步进指令进行编程;

③ 熟悉 PLC 实训装置。

【实训器材】

计算机、三菱 GX Developer 编程软件、三菱 FX2N-32MR PLC 1 台、三菱编程电缆 1 根、THPLC-C 实训台、导线若干。

【实训内容】

合上启动按钮后,按以下规律显示:L1、L2、L9→L1、L5、L8→L1、L4、L7→L1、L3、L6→L1→L2、L3、L4、L5→L6、L7、L8、L9→L1、L2、L6→L1、L3、L7→L1、L4、L8→L1、L5、L9→L1→L2、L3、L4、L5→L6、L7、L8、L9→L1、L2、L9……如此循环,周而复始,每一步之间间隔为两秒。

【实训步骤】

一、建立 I/O 分配表

表 6.6

输入		输出	
启动按钮	X0	L1	Y0
停止按钮	X1	L2	Y1
		L3	Y2
		L4	Y3

输入		输出	
		L5	Y4
		L6	Y5
		L7	Y6
		L8	Y7
		L9	Y10

二、设计梯形图(可参照实验参考程序)

① 语句表:

表 6.7

步序	指令	器件号	说明	步序	指令	器件号	说明
0	LD	M8002		60	LD	M0	
1	SET	S0	初始步	61	SET	S28	
2	STL	S0		62	STL	S28	
3	LD	X0	启动	63	OUT	Y0	
4	ANI	X1	停止	64	OUT	Y2	
5	SET	S20		65	OUT	Y6	
6	STL	S20		66	CALL	P0	调用延时
7	OUT	Y0		67	LD	M0	
8	OUT	Y1		68	SET	S29	
9	OUT	Y10		69	STL	S29	
10	CALL	P0	调用延时	70	OUT	Y0	
11	LD	M0		71	OUT	Y3	
12	SET	S21		72	OUT	Y7	
13	STL	S21		73	CALL	P0	调用延时
14	OUT	Y0		74	LD	M0	
15	OUT	Y4		75	SET	S30	
16	OUT	Y7		76	STL	S30	
17	CALL	P0	调用延时	77	OUT	Y0	
18	LD	M0		78	OUT	Y4	
19	SET	S22		79	OUT	Y10	
20	STL	S22		80	CALL	P0	调用延时
21	OUT	Y0		81	LD	M0	
22	OUT	Y3		82	SET	S31	
23	OUT	Y6		83	STL	S31	
24	CALL	P0	调用延时	84	OUT	Y0	
25	LD	M0		85	CALL	P0	调用延时

步序	指令	器件号	说明	步序	指令	器件号	说明
26	SET	S23		86	LD	M0	
27	STL	S23		87	SET	S32	
28	OUT	Y0		88	STL	S32	
29	OUT	Y2		89	OUT	Y1	
30	OUT	Y5		90	OUT	Y2	
31	CALL	P0	调用延时	91	OUT	Y3	
32	LD	M0		92	OUT	Y4	
33	SET	S24		93	CALL	P0	调用延时
34	STL	S24		94	LD	M0	
35	OUT	Y0		95	SET	S33	
36	CALL	P0	调用延时	96	STL	S33	
37	LD	M0		97	OUT	Y5	
38	SET	S25		98	OUT	Y6	
39	STL	S25		99	OUT	Y7	
40	OUT	Y1		100	OUT	Y10	
41	OUT	Y2		101	CALL	P0	调用延时
42	OUT	Y3		102	LD	M0	
43	OUT	Y4		103	SET	S20	
44	CALL	P0	调用延时	104	RET		
45	LD	M0		105	LD	X1	停止
46	SET	S26		106	ZRST	S20	
47	STL	S26		107		S33	
48	OUT	Y5		108	SET	S0	
49	OUT	Y6		109	FEND		主程序结束
50	OUT	Y7		110	P0		延时程序
51	OUT	Y10		111	LD	M8000	
52	CALL	P0	调用延时	112	ANI	M0	
53	LD	M0		113	OUT	T0	延时两秒
54	SET	S27		114		K20	
55	STL	S27		115	LD	T0	
56	OUT	Y0		116	OUT	M0	
57	OUT	Y1		117	SRET		子程序返回
58	OUT	Y5		118	END		结束
59	CALL	P0	调用延时				

② 梯形图：

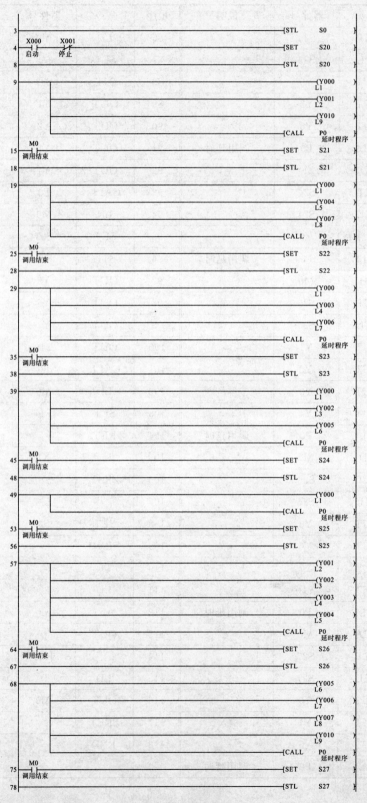

图 6.9　梯形图

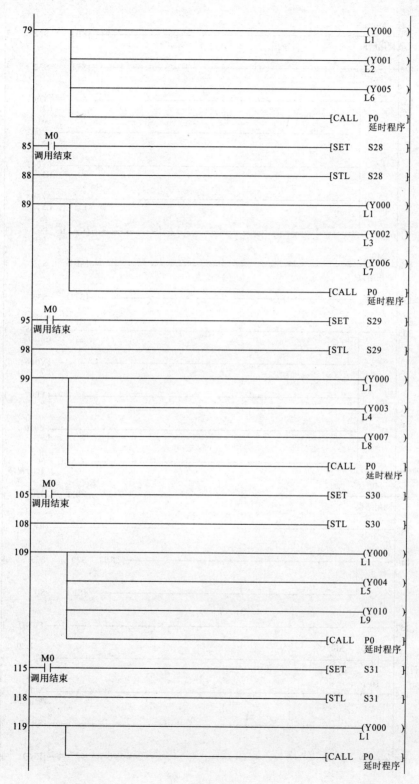

续图 6.9

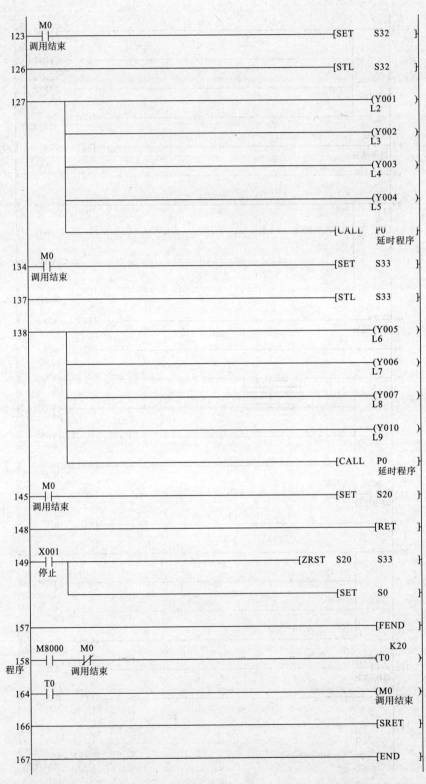

续图 6.9

三、接线

天塔之光中的 L1、L2、L3、L4、L5、L6、L7、L8、L9 分别接主机的输出点 Y0、Y1、Y2、Y3、Y4、Y5、Y6、Y7、Y10。启动按钮接主机的输入点 X0,停止按钮接主机的输入点 X1。COM 端与主机的 COM 端相连。

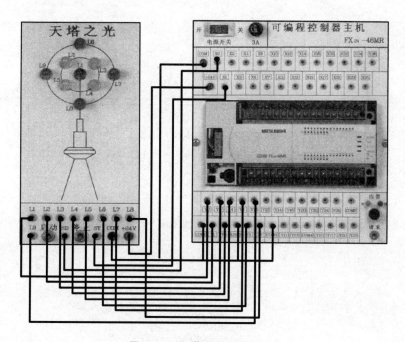

图 6.10 天塔之光实训接线图

四、下载程序进行调试

下载程序并调试运行,观察天塔之光面板灯闪烁是否符合任务要求。

① 通过专用电缆连接计算机与 PLC 主机,下载程序。将 PLC 主机上的"STOP/RUN"按钮拨到"RUN"位置,运行指示灯点亮,表明程序开始运行。

② 合上启动按钮 SD 后,按以下规律显示:L1、L2、L9→L1、L5、L8→L1、L4、L7→L1、L3、L6→L1→L2、L3、L4、L5→L6、L7、L8、L9→L1、L2、L6→L1、L3、L7→L1、L4、L8→L1、L5、L9→L1→L2、L3、L4、L5→L6、L7、L8、L9→L1、L2、L9……如此循环,周而复始,每一步之间间隔为两秒。

【实训报告】

按照实训要求,填写实训报告。

模块四

PLC的高级应用

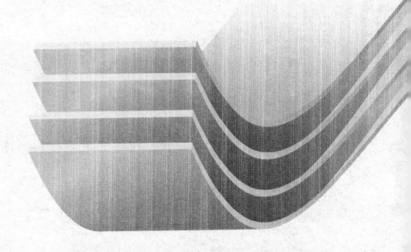

项目七

PLC 与 PLC 的通信

实训一　可编程控制器的通信及网络

【实训目标】

① 理解数据通信的基础知识、PLC 网络通信的基本知识;

② 掌握 PLC 通信常用的接口电路、PLC 之间的通讯格式;

③ 熟悉 PLC 通讯原理及过程;

④ 熟练使用各条基本指令,通过对工程实例的模拟,熟练地掌握 PLC 网络通信的编程和程序调试。

【实训器材】

计算机、三菱 GX Developer 编程软件、THPLC-C 实训台。

【实训内容】

两台主机之间相互通讯,其中一台为主站,另一台为从站。

0 号站的 X1~X7 分别对应 1 号站的 Y1~Y7(注:即按下 0 号站 X1,则 1 号站的 Y0 亮,依次类推)。

1 号站的 X1~X7 分别对应 0 号站的 Y1~Y7。

【实训步骤】

一、PLC 网络接线图

用导线连接网络模块,接线图如图 7.1 所示。

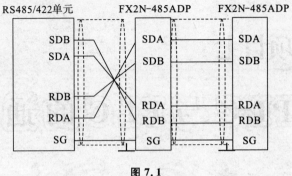

图 7.1

二、主站实训参考程序

如图 7.2 所示。

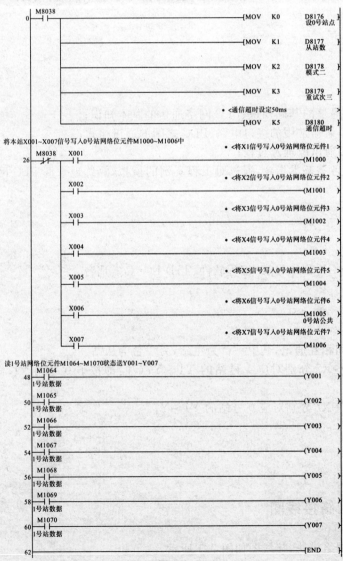

图 7.2

三、从站实训参考程序

如图 7.3 所示。

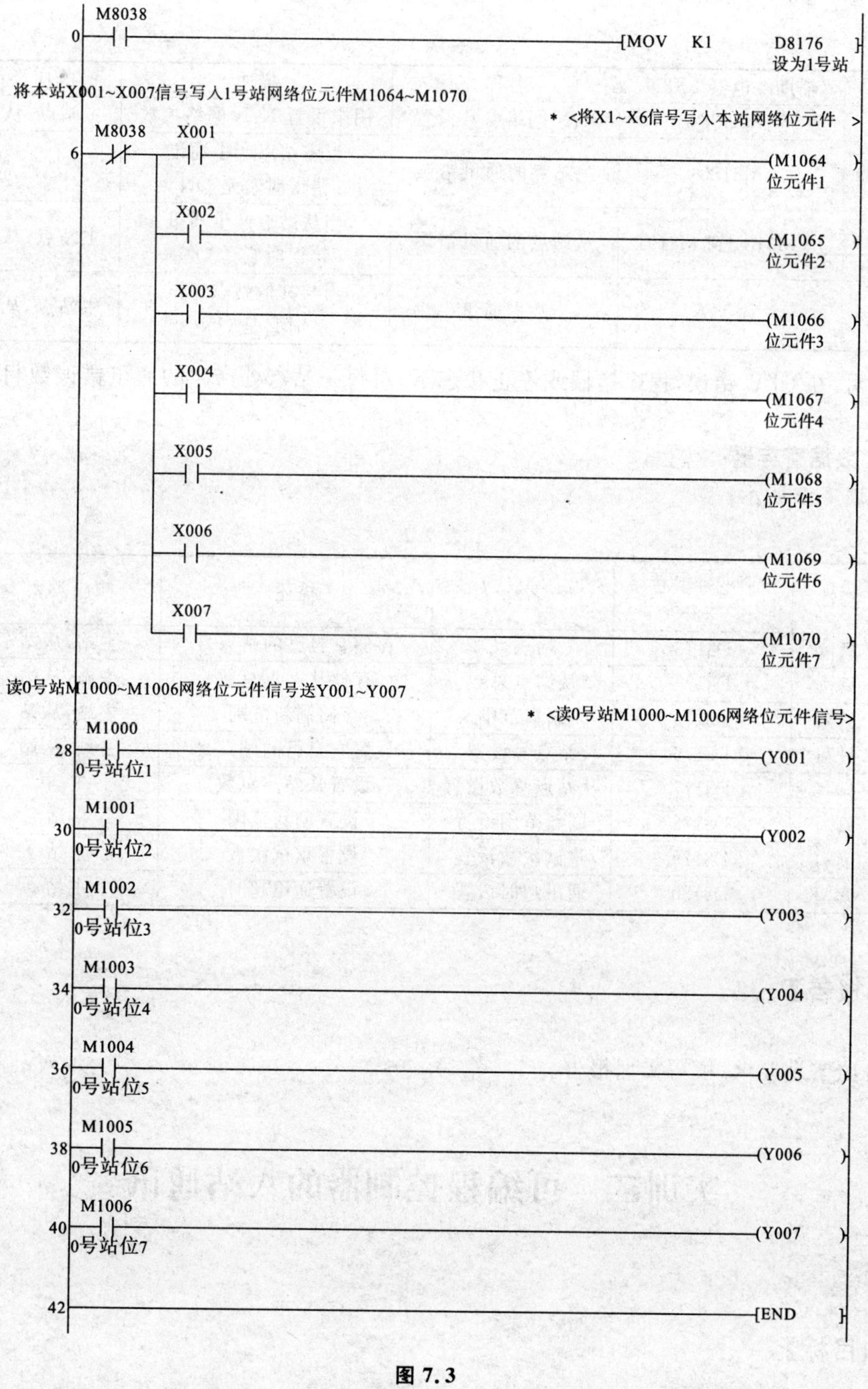

```
        M8038
    0 ──┤├──────────────────────────────────[MOV  K1    D8176
                                                      设为1号站

将本站X001~X007信号写入1号站网络位元件M1064~M1070
                                        * <将X1~X6信号写入本站网络位元件 >
        M8038   X001
    6 ──┤/├──┬──┤├──────────────────────────────(M1064
             │                                    位元件1
             │   X002
             ├──┤├──────────────────────────────(M1065
             │                                    位元件2
             │   X003
             ├──┤├──────────────────────────────(M1066
             │                                    位元件3
             │   X004
             ├──┤├──────────────────────────────(M1067
             │                                    位元件4
             │   X005
             ├──┤├──────────────────────────────(M1068
             │                                    位元件5
             │   X006
             ├──┤├──────────────────────────────(M1069
             │                                    位元件6
             │   X007
             └──┤├──────────────────────────────(M1070
                                                  位元件7

读0号站M1000~M1006网络位元件信号送Y001~Y007
                                        * <读0号站M1000~M1006网络位元件信号>
        M1000
   28 ──┤├──────────────────────────────────────(Y001
      0号站位1
        M1001
   30 ──┤├──────────────────────────────────────(Y002
      0号站位2
        M1002
   32 ──┤├──────────────────────────────────────(Y003
      0号站位3
        M1003
   34 ──┤├──────────────────────────────────────(Y004
      0号站位4
        M1004
   36 ──┤├──────────────────────────────────────(Y005
      0号站位5
        M1005
   38 ──┤├──────────────────────────────────────(Y006
      0号站位6
        M1006
   40 ──┤├──────────────────────────────────────(Y007
      0号站位7
   42 ──────────────────────────────────────────[END
```

图 7.3

四、相关标志和数据寄存器介绍

1. 辅助继电器

见表 7.1 所示。

表 7.1

特性	辅助继电器 FX2N	名称	描述	响应类型
只读	M8038	N∶N 网络参数设置	用来设置 N∶N 网络参数	主站点,从站点
只读	M8183	主站点的通讯错误	当主站点产生通讯错误时它是 ON	从站点
只读	从 M8184 到 M8191	从站点的通讯错误	当从站点产生通讯错误时它是 ON	主站点,从站点
只读	M8191	数据通讯	当与其他站点通讯时它是 ON	主站点,从站点

说明:在 CPU 错误,程序错误或停止状态下,对每一站点处产生的通讯错误数目不能进行计数。

2. 数据寄存器

见表 7.2 所示。

表 7.2

特性	辅助继电器(FX2N)	名称	描述	响应类型
只读	D8173	站点号	存储它自己的站点号	主站,从站
只读	D8174	从站点总数	存储从站点总数	主站,从站
只读	D8175	刷新范围	存储刷新范围	主站,从站
只写	D8176	站点号设置	设置它自己的站点号	主站,从站
只写	D8177	从站点总数设置	设置从站点总数	主站
只写	D8178	刷新范围设置	设置刷新范围	主站
读写	D8179	重试次数设置	设置重试次数	主站
读写	D8180	通讯超时设置	设置通讯超时	主站

【实训报告】

按照实训要求,填写实训报告。

实训二　可编程控制器的八站通讯

【实训目标】

① 理解数据通信的基础知识、PLC 网络通信的基本知识;

② 掌握 PLC 通信常用的接口电路、PLC 之间的通讯格式；

③ 熟悉 PLC 通讯原理及过程，熟练使用各条基本指令，通过对工程实例的模拟，熟练地掌握多台 PLC 网络通信的编程和程序调试。

【实训器材】

计算机、三菱 GX Developer 编程软件、THPLC-C 实训台。

【实训内容】

八台主机之间相互通讯，其中一台为主站，其余七台为从站。0 号站的 X1～X7 分别对应 1 号站～7 号站的 Y0(注：即按下 0 号站 X1，则 1 号站的 Y0 亮，依次类推)。

1 号站的 X0～X7 分别对应 0 号站～7 号站的 Y1(不含 X1)。

2 号站的 X0～X7 分别对应 0 号站～7 号站的 Y2(不含 X2)。

3 号站的 X0～X7 分别对应 0 号站～7 号站的 Y3(不含 X3)。

4 号站的 X0～X7 分别对应 0 号站～7 号站的 Y4(不含 X4)。

5 号站的 X0～X7 分别对应 0 号站～7 号站的 Y5(不含 X5)。

6 号站的 X0～X7 分别对应 0 号站～7 号站的 Y6(不含 X6)。

7 号站的 X0～X7 分别对应 0 号站～7 号站的 Y7(不含 X7)。

【实训步骤】

一、PLC 网络接线图

用一对导线连接，接线图如图 7.4 所示。

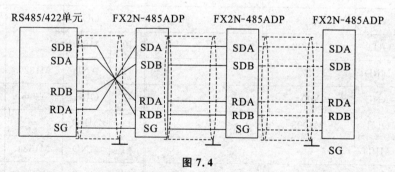

图 7.4

图 7.4 通讯方式为 N：N 网络接线方式，是三菱小型 PLC 之间通讯采用较多的方式。框图见图 7.5 所示：FX2N-485-BD。

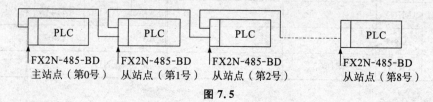

图 7.5

二、程序编辑及输入

1. 实训参考程序

①主站：

表 7.3　0 号站程序

步序	指令	器件号	说明	步序	指令	器件号	说明
0	LD	M8038	设置 N:N 网络参数	25	MRD		
1	MOV	K0　D8176	设置为 0 号站点	26	AND	X007	
2	MOV	K7　D8177	7 个从站	27	OUT	M1006	
3	MOV	K2　D8178	刷新范围:模式 2	28	MRD		
4	MOV	K3　D8179	重试次数 3	29	AND	M1064	
5	MOV	K5　D8180	设置通讯超时 5 ms	30	OUT	Y001	
6	LDI	M8038		31	MRD		
7	MPS			32	AND	M1128	
8	AND	X001		33	OUT	Y002	
9	OUT	M1000		34	MRD		
10	MRD			35	AND	M1192	
11	AND	X002		36	OUT	Y003	
12	OUT	M1001		37	MRD		
13	MRD			38	AND	M1256	
14	AND	X003		39	OUT	Y004	
15	OUT	M1002		40	MRD		
16	MRD			41	AND	M1320	
17	AND	X004		42	OUT	Y005	
18	OUT	M1003		43	MRD		
19	MRD			44	AND	M1384	
20	AND	X005		45	OUT	Y006	
21	OUT	M1004		46	MPP		
22	MRD			47	AND	M1448	
23	AND	X006		48	OUT	Y007	
24	OUT	M1005		49	END		

②从站：

表 7.4 1 号站程序

步序	指令	器件号	说明	步序	指令	器件号	说明
0	LD	M8038	设置 N:N 网络参数	23	OUT	M1070	
1	MOV	K1 D8176	设置为 1 号站点	24	MRD		
2	LDI	M8038		25	AND	M1000	
3	MPS			26	OUT	Y000	
4	AND	X000		27	MRD		
5	OUT	M1064		28	AND	M1129	
6	MRD			29	OUT	Y002	
7	AND	X002		30	MRD		
8	OUT	M1065		31	AND	M1193	
9	MRD			32	OUT	Y003	
10	AND	X003		33	MRD		
11	OUT	M1066		34	AND	M1257	
12	MRD			35	OUT	Y004	
13	AND	X004		36	MRD		
14	OUT	M1067		37	AND	M1321	
15	MRD			38	OUT	Y005	
16	AND	X005		39	MRD		
17	OUT	M1068		40	AND	M1385	
18	MRD			41	OUT	Y006	
19	AND	X006		42	MPP		
20	OUT	M1069		43	AND	M1449	
21	MRD			44	OUT	Y007	
22	AND	X007		45	END		

表 7.5 2 号站程序

步序	指令	器件号	说明	步序	指令	器件号	说明
0	LD	M8038	设置 N:N 网络参数	23	OUT	M1134	
1	MOV	K2 D8176	设置为 2 号站	24	MRD		
2	LDI	M8038		25	AND	M1001	
3	MPS			26	OUT	Y000	
4	AND	X000		27	MRD		

步序	指令	器件号	说明	步序	指令	器件号	说明
5	OUT	M1128		28	AND	M1065	
6	MRD			29	OUT	Y001	
7	AND	X001		30	MRD		
8	OUT	M1129		31	AND	M1194	
9	MRD			32	OUT	Y003	
10	AND	X003		33	MRD		
11	OUT	M1130		34	AND	M1258	
12	MRD			35	OUT	Y004	
13	AND	X004		36	MRD		
14	OUT	M1131		37	AND	M1322	
15	MRD			38	OUT	Y005	
16	AND	X005		39	MRD		
17	OUT	M1132		40	AND	M1386	
18	MRD			41	OUT	Y006	
19	AND	X006		42	MPP		
20	OUT	M1133		43	AND	M1450	
21	MRD			44	OUT	Y007	
22	AND	X007		45	END		

表 7.6 3 号站程序

步序	指令	器件号	说明	步序	指令	器件号	说明
0	LD	M8038	设置 N:N 网络参数	24	MRD		
1	MOV	K3 D8176	设置为 3 号站点	25	AND	M1002	
2	LDI	M8038		26	OUT	Y000	
3	MPS			27	MRD		
4	AND	X000		28	AND	M1066	
5	OUT	M1192		29	OUT	Y001	
6	MRD			30	MRD		
7	AND	X001		31	AND	M1130	
8	OUT	M1193		32	OUT	Y002	
9	MRD			33	MRD		
10	AND	X002		34	AND	M1259	

续表

步序	指令	器件号	说明	步序	指令	器件号	说明
11	OUT	M1194		35	OUT	Y004	
12	MRD			36	MRD		
13	AND	X004		37	AND	M1323	
14	OUT	M1195		38	OUT	Y005	
15	MRD			39	MRD		
16	AND	X005		40	AND	M1387	
17	OUT	M1196		41	OUT	Y006	
18	MRD			42	MPP		
19	AND	X006		43	AND	M1451	
20	OUT	M1197		44	OUT	Y007	
21	MRD			45	END		
22	AND	X007					
23	OUT	M1198					

7.7 4 号站程序

步序	指令	器件号	说明	步序	指令	器件号	说明
0	LD	M8038	设置 N:N 网络参数	24	MRD		
1	MOV	K4 D8176	设置为 4 号站点	25	AND	M1003	
2	LDI	M8038		26	OUT	Y000	
3	MPS			27	MRD		
4	AND	X000		28	AND	M1067	
5	OUT	M1256		29	OUT	Y001	
6	MRD			30	MRD		
7	AND	X001		31	AND	M1131	
8	OUT	M1257		32	OUT	Y002	
9	MRD			33	MRD		
10	AND	X002		34	AND	M1195	
11	OUT	M1258		35	OUT	Y003	
12	MRD			36	MRD		
13	AND	X003		37	AND	M1324	
14	OUT	M1259		38	OUT	Y005	
15	MRD			39	MRD		

步序	指令	器件号	说明	步序	指令	器件号	说明
16	AND	X005		40	AND	M1388	
17	OUT	M1260		41	OUT	Y006	
18	MRD			42	MPP		
19	AND	X006		43	AND	M1452	
20	OUT	M1261		44	OUT	Y007	
21	MRD			45	END		
22	AND	X007					
23	OUT	M1262					

表 7.8　5 号站程序

步序	指令	器件号	说明	步序	指令	器件号	说明
0	LD	M8038	设置 N:N 网络参数	23	OUT	M1326	
1	MOV	K5 D8176	设置为 5 号站点	24	MRD		
2	LDI	M8038		25	AND	M1004	
3	MPS			26	OUT	Y000	
4	AND	X000		27	MRD		
5	OUT	M1320		28	AND	M1068	
6	MRD			29	OUT	Y001	
7	AND	X001		30	MRD		
8	OUT	M1321		31	AND	M1132	
9	MRD			32	OUT	Y002	
10	AND	X002		33	MRD		
11	OUT	M1322		34	AND	M1196	
12	MRD			35	OUT	Y003	
13	AND	X003		36	MRD		
14	OUT	M1323		37	AND	M1260	
15	MRD			38	OUT	Y004	
16	AND	X004		39	MRD		
17	OUT	M1324		40	AND	M1389	
18	MRD			41	OUT	Y006	
19	AND	X006		42	MPP		
20	OUT	M1325		43	AND	M1453	
21	MRD			44	OUT	Y007	
22	AND	X007		45	END		

表 7.9　6 号站程序

步序	指令	器件号	说明	步序	指令	器件号	说明
0	LD	M8038		23	OUT	M1390	
1	MOV	K6 D8176		24	MRD		
2	LDI	M8038		25	AND	M1005	
3	MPS			26	OUT	Y000	
4	AND	X000		27	MRD		
5	OUT	M1384		28	AND	M1069	
6	MRD			29	OUT	Y001	
7	AND	X001		30	MRD		
8	OUT	M1385		31	AND	M1133	
9	MRD			32	OUT	Y002	
10	AND	X002		33	MRD		
11	OUT	M1386		34	AND	M1197	
12	MRD			35	OUT	Y003	
13	AND	X003		36	MRD		
14	OUT	M1387		37	AND	M1261	
15	MRD			38	OUT	Y004	
16	AND	X004		39	MRD		
17	OUT	M1388		40	AND	M1325	
18	MRD			41	OUT	Y005	
19	AND	X005		42	MPP		
20	OUT	M1389		43	AND	M1454	
21	MRD			44	OUT	Y007	
22	AND	X007		45	END		

7.10 7号站程序

步序	指令	器件号	说明	步序	指令	器件号	说明
0	LD	M8038	设置 N:N 网络参数	24	MRD		
1	MOV	K7 D8176	设置为 7 号站点	25	AND	M1006	
2	LDI	M8038		26	OUT	Y000	
3	MPS			27	MRD		
4	AND	X000		28	AND	M1070	
5	OUT	M1448		29	OUT	Y001	
6	MRD			30	MRD		
7	AND	X001		31	AND	M1134	
8	OUT	M1449		32	OUT	Y002	
9	MRD			33	MRD		
10	AND	X002		34	AND	M1198	
11	OUT	M1450		35	OUT	Y003	
12	MRD			36	MRD		
13	AND	X003		37	AND	M1262	
14	OUT	M1451		38	OUT	Y004	
15	MRD			39	MRD		
16	AND	X004		40	AND	M1326	
17	OUT	M1452		41	OUT	Y005	
18	MRD			42	MPP		
19	AND	X005		43	AND	M1390	
20	OUT	M1453		44	OUT	Y006	
21	MRD			45	END		
22	AND	X006					
23	OUT	M1454					

2. 梯形图

① 主站梯形图：

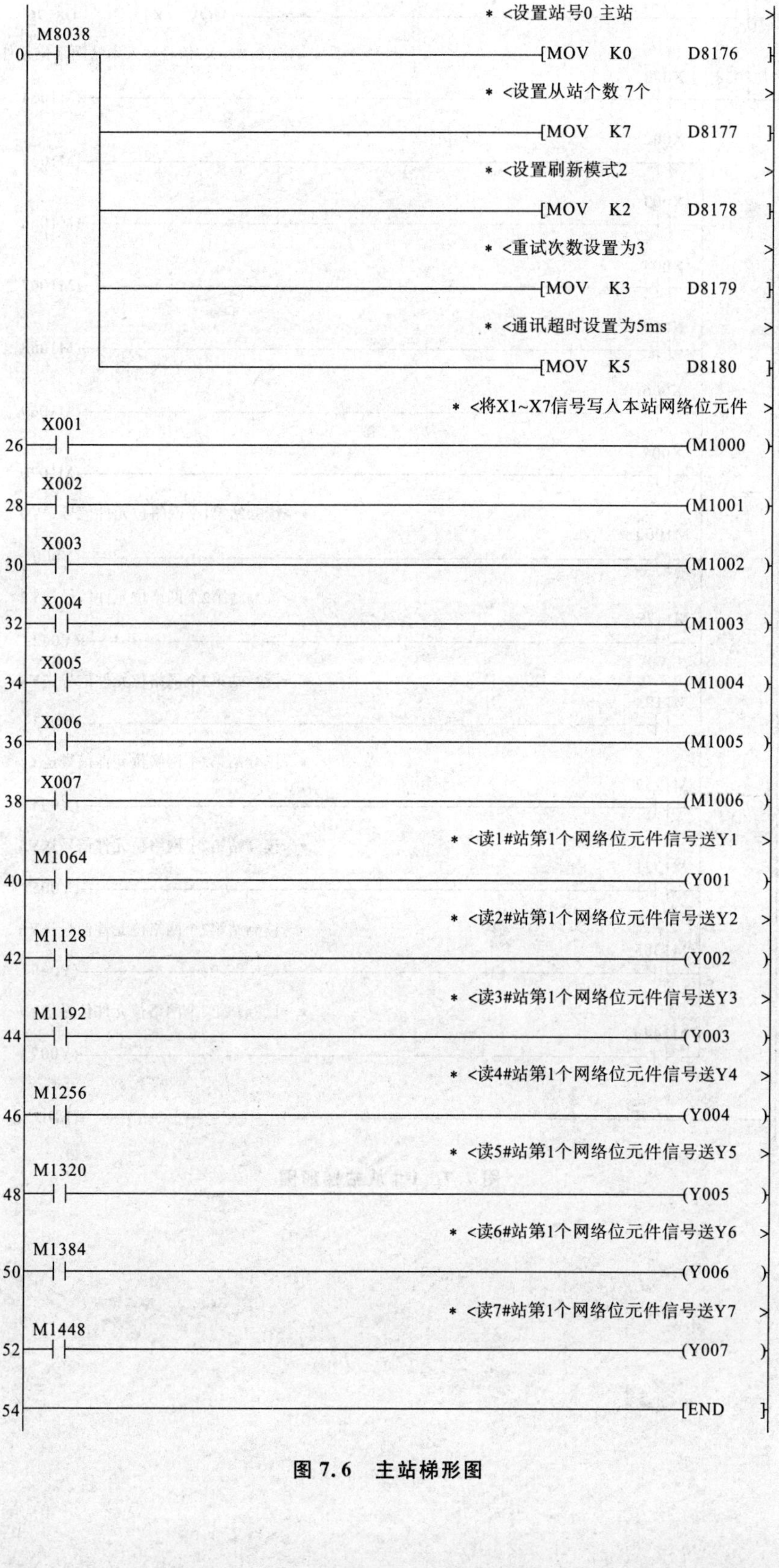

图 7.6　主站梯形图

② 从站梯形图：

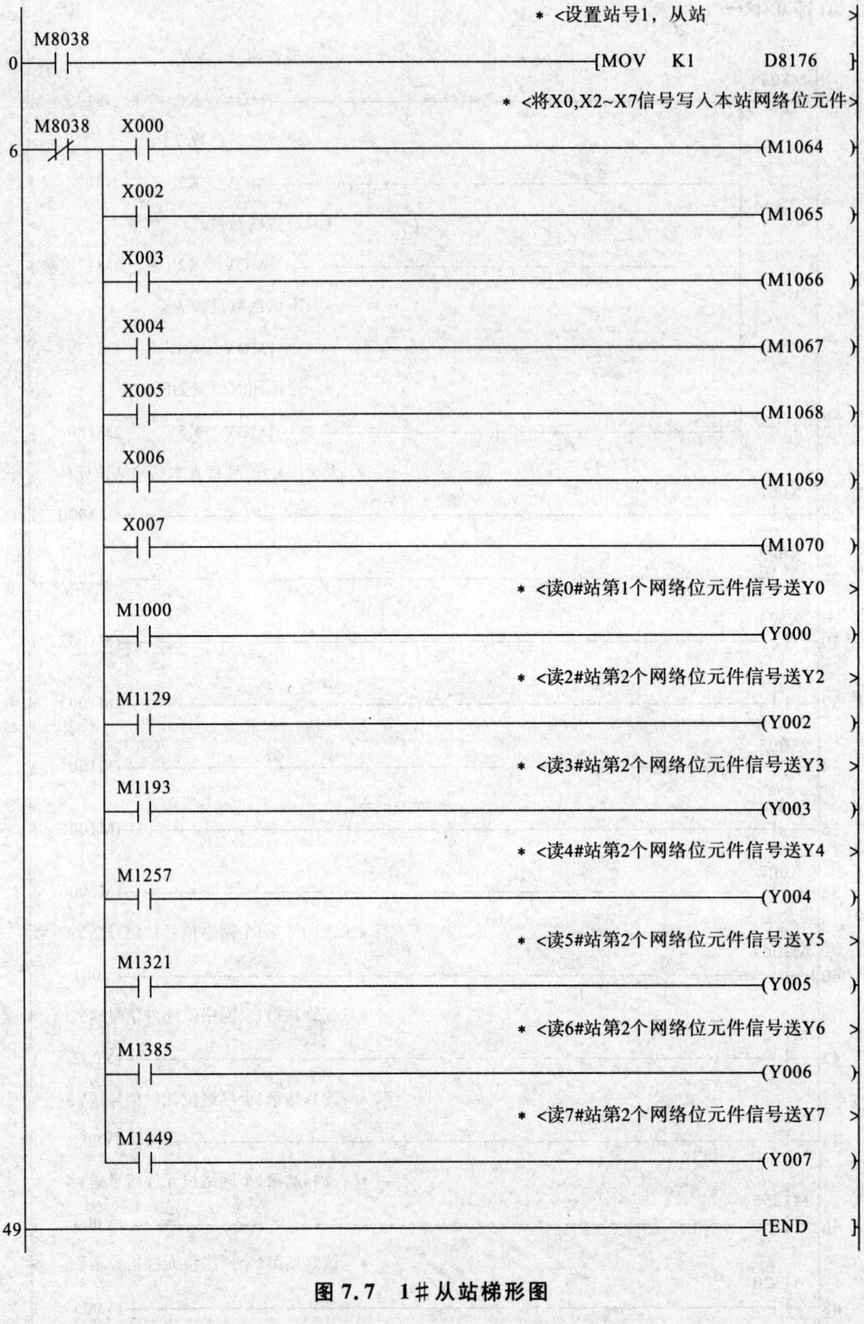

```
                                                    * <设置站号1，从站          >
        M8038
   0 ┤├                                         [MOV    K1        D8176 ]
                                                    * <将X0,X2~X7信号写人本站网络位元件>
        M8038   X000
   6 ┤／├──┬─┤├───────────────────────────────(M1064  )
              │   X002
              ├─┤├───────────────────────────────(M1065  )
              │   X003
              ├─┤├───────────────────────────────(M1066  )
              │   X004
              ├─┤├───────────────────────────────(M1067  )
              │   X005
              ├─┤├───────────────────────────────(M1068  )
              │   X006
              ├─┤├───────────────────────────────(M1069  )
              │   X007
              ├─┤├───────────────────────────────(M1070  )
              │                                     * <读0#站第1个网络位元件信号送Y0 >
              │   M1000
              ├─┤├───────────────────────────────(Y000   )
              │                                     * <读2#站第2个网络位元件信号送Y2 >
              │   M1129
              ├─┤├───────────────────────────────(Y002   )
              │                                     * <读3#站第2个网络位元件信号送Y3 >
              │   M1193
              ├─┤├───────────────────────────────(Y003   )
              │                                     * <读4#站第2个网络位元件信号送Y4 >
              │   M1257
              ├─┤├───────────────────────────────(Y004   )
              │                                     * <读5#站第2个网络位元件信号送Y5 >
              │   M1321
              ├─┤├───────────────────────────────(Y005   )
              │                                     * <读6#站第2个网络位元件信号送Y6 >
              │   M1385
              ├─┤├───────────────────────────────(Y006   )
              │                                     * <读7#站第2个网络位元件信号送Y7 >
              │   M1449
              └─┤├───────────────────────────────(Y007   )

  49 ─────────────────────────────────────────────[END    ]
```

图 7.7 1# 从站梯形图

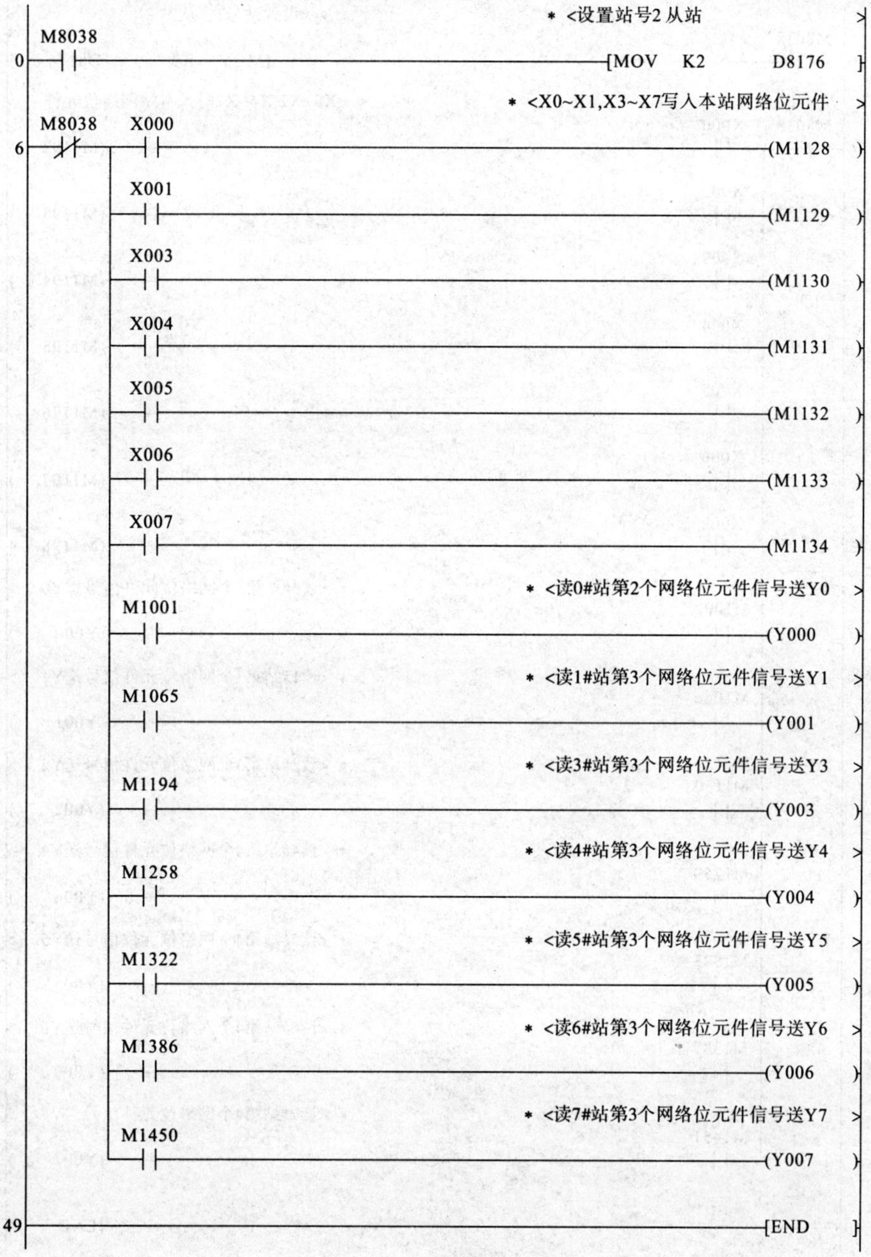

```
                                                    *  <设置站号2 从站          >
      M8038
  0 ───┤├──────────────────────────────[MOV    K2        D8176 ]

                                                    *  <X0~X1,X3~X7写入本站网络位元件  >
      M8038  X000
  6 ──┤/├───┤├─────────────────────────────────(M1128 )

             X001
            ──┤├─────────────────────────────────(M1129 )

             X003
            ──┤├─────────────────────────────────(M1130 )

             X004
            ──┤├─────────────────────────────────(M1131 )

             X005
            ──┤├─────────────────────────────────(M1132 )

             X006
            ──┤├─────────────────────────────────(M1133 )

             X007
            ──┤├─────────────────────────────────(M1134 )

                                                    *  <读0#站第2个网络位元件信号送Y0 >
             M1001
            ──┤├─────────────────────────────────(Y000 )

                                                    *  <读1#站第3个网络位元件信号送Y1 >
             M1065
            ──┤├─────────────────────────────────(Y001 )

                                                    *  <读3#站第3个网络位元件信号送Y3 >
             M1194
            ──┤├─────────────────────────────────(Y003 )

                                                    *  <读4#站第3个网络位元件信号送Y4 >
             M1258
            ──┤├─────────────────────────────────(Y004 )

                                                    *  <读5#站第3个网络位元件信号送Y5 >
             M1322
            ──┤├─────────────────────────────────(Y005 )

                                                    *  <读6#站第3个网络位元件信号送Y6 >
             M1386
            ──┤├─────────────────────────────────(Y006 )

                                                    *  <读7#站第3个网络位元件信号送Y7 >
             M1450
            ──┤├─────────────────────────────────(Y007 )

 49 ─────────────────────────────────────────────[END ]
```

图 7.8　2#从站梯形图

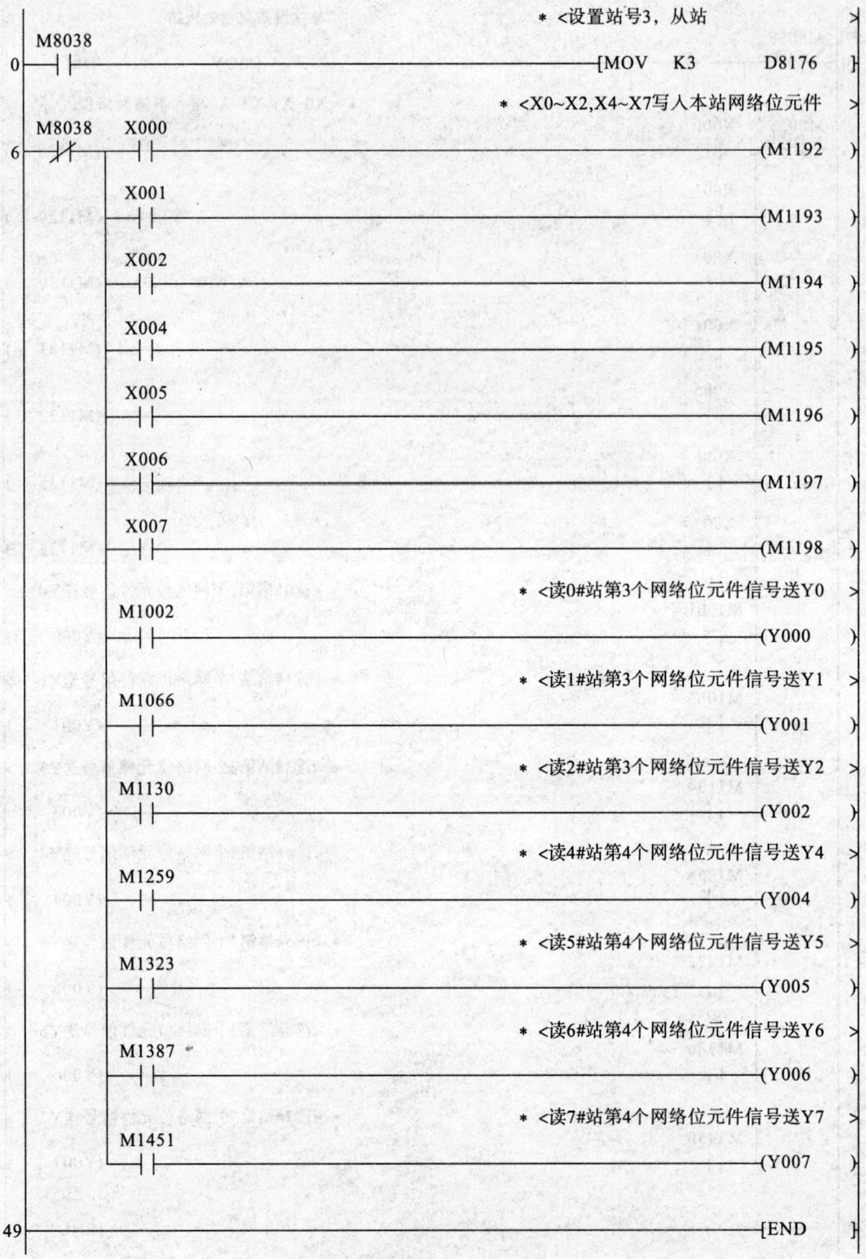

```
                                                    * <设置站号3，从站              >
        M8038
    0 ├─┤ ├────────────────────────────────[MOV   K3        D8176 ]─┤
                                              * <X0~X2,X4~X7写入本站网络位元件   >
        M8038  X000
    6 ├─┤/├──┤ ├──────────────────────────────────────────────(M1192 )─┤
               X001
              ─┤ ├──────────────────────────────────────────────(M1193 )─┤
               X002
              ─┤ ├──────────────────────────────────────────────(M1194 )─┤
               X004
              ─┤ ├──────────────────────────────────────────────(M1195 )─┤
               X005
              ─┤ ├──────────────────────────────────────────────(M1196 )─┤
               X006
              ─┤ ├──────────────────────────────────────────────(M1197 )─┤
               X007
              ─┤ ├──────────────────────────────────────────────(M1198 )─┤
                                          * <读0#站第3个网络位元件信号送Y0 >
        M1002
      ─┤ ├────────────────────────────────────────────────────(Y000 )─┤
                                          * <读1#站第3个网络位元件信号送Y1 >
        M1066
      ─┤ ├────────────────────────────────────────────────────(Y001 )─┤
                                          * <读2#站第3个网络位元件信号送Y2 >
        M1130
      ─┤ ├────────────────────────────────────────────────────(Y002 )─┤
                                          * <读4#站第4个网络位元件信号送Y4 >
        M1259
      ─┤ ├────────────────────────────────────────────────────(Y004 )─┤
                                          * <读5#站第4个网络位元件信号送Y5 >
        M1323
      ─┤ ├────────────────────────────────────────────────────(Y005 )─┤
                                          * <读6#站第4个网络位元件信号送Y6 >
        M1387
      ─┤ ├────────────────────────────────────────────────────(Y006 )─┤
                                          * <读7#站第4个网络位元件信号送Y7 >
        M1451
      ─┤ ├────────────────────────────────────────────────────(Y007 )─┤
   49 ├────────────────────────────────────────────────────────[END ]─┤
```

图 7.9 3#从站梯形图

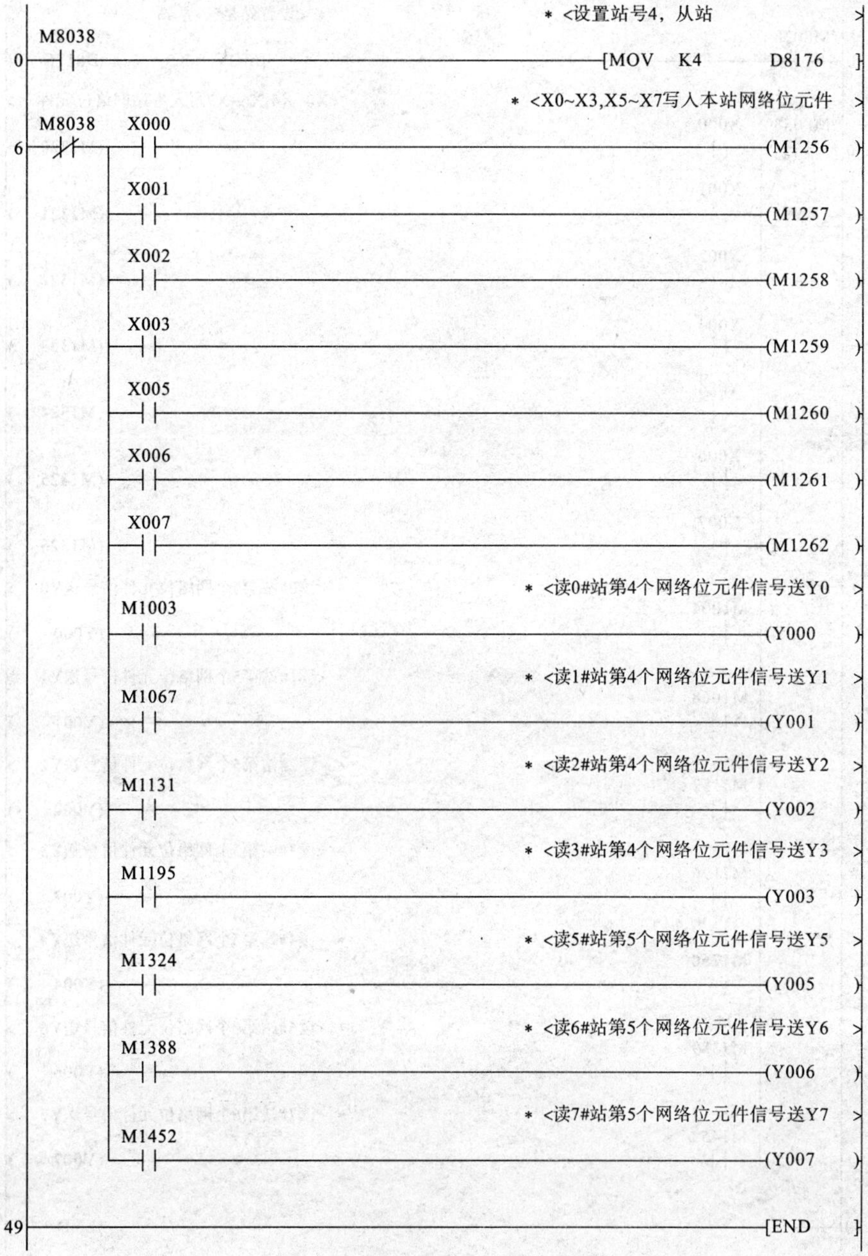

```
                                                * <设置站号4，从站                >
       M8038
   0    ┤├                                              [MOV  K4      D8176 ]
                                                * <X0~X3,X5~X7写入本站网络位元件   >
       M8038   X000
   6    ┤╱├────┤├─────────────────────────────────────────────(M1256 )
               X001
               ┤├─────────────────────────────────────────────(M1257 )
               X002
               ┤├─────────────────────────────────────────────(M1258 )
               X003
               ┤├─────────────────────────────────────────────(M1259 )
               X005
               ┤├─────────────────────────────────────────────(M1260 )
               X006
               ┤├─────────────────────────────────────────────(M1261 )
               X007
               ┤├─────────────────────────────────────────────(M1262 )
                                                * <读0#站第4个网络位元件信号送Y0   >
       M1003
       ┤├─────────────────────────────────────────────────────(Y000 )
                                                * <读1#站第4个网络位元件信号送Y1   >
       M1067
       ┤├─────────────────────────────────────────────────────(Y001 )
                                                * <读2#站第4个网络位元件信号送Y2   >
       M1131
       ┤├─────────────────────────────────────────────────────(Y002 )
                                                * <读3#站第4个网络位元件信号送Y3   >
       M1195
       ┤├─────────────────────────────────────────────────────(Y003 )
                                                * <读5#站第5个网络位元件信号送Y5   >
       M1324
       ┤├─────────────────────────────────────────────────────(Y005 )
                                                * <读6#站第5个网络位元件信号送Y6   >
       M1388
       ┤├─────────────────────────────────────────────────────(Y006 )
                                                * <读7#站第5个网络位元件信号送Y7   >
       M1452
       ┤├─────────────────────────────────────────────────────(Y007 )
  49   ────────────────────────────────────────────────────────[END ]
```

图 7.10　4＃从站梯形图

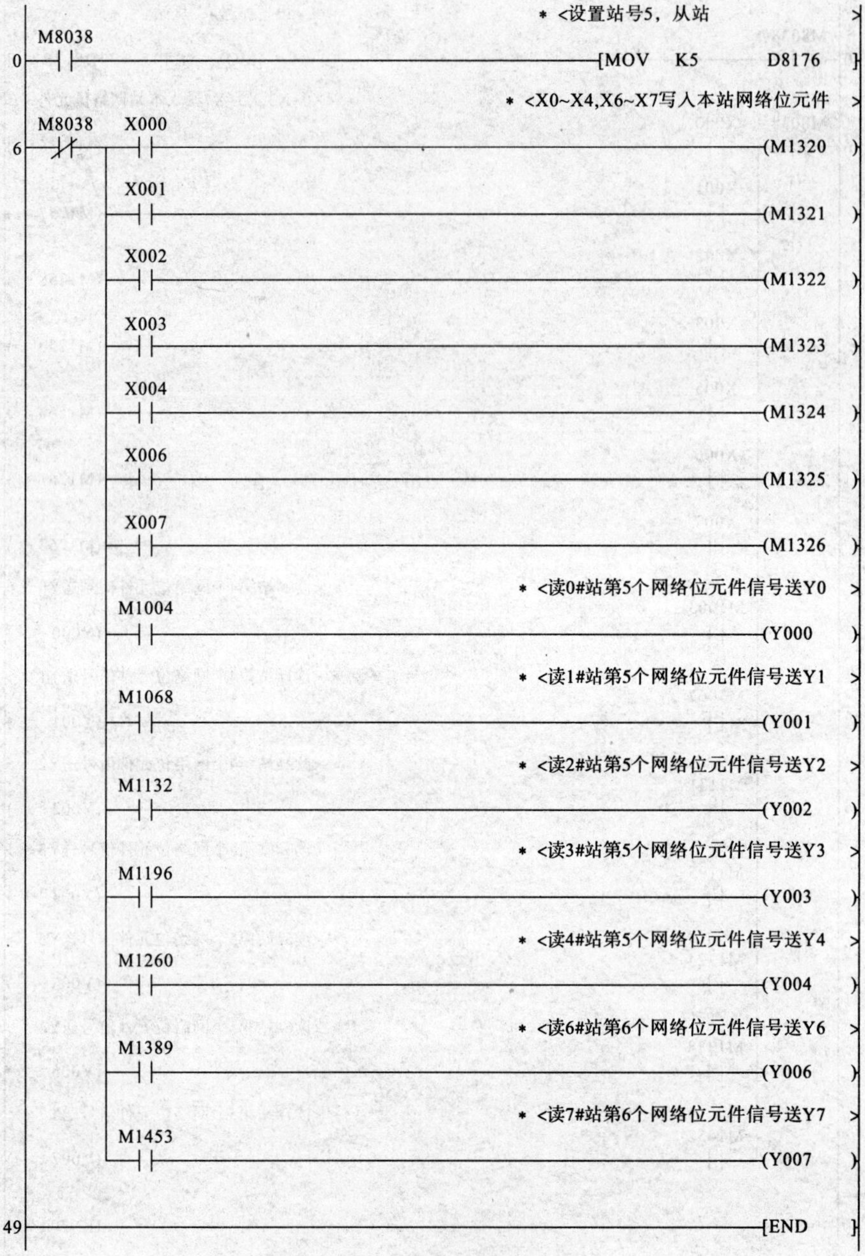

```
                                                        * <设置站号5，从站        >
       M8038
0      ┤├                                          [MOV    K5      D8176  ]

                                                * <X0~X4,X6~X7写入本站网络位元件   >
       M8038  X000
6      ┤/├───┤├──────────────────────────────────────(M1320  )

              X001
              ┤├──────────────────────────────────────(M1321  )

              X002
              ┤├──────────────────────────────────────(M1322  )

              X003
              ┤├──────────────────────────────────────(M1323  )

              X004
              ┤├──────────────────────────────────────(M1324  )

              X006
              ┤├──────────────────────────────────────(M1325  )

              X007
              ┤├──────────────────────────────────────(M1326  )

                                          * <读0#站第5个网络位元件信号送Y0  >
       M1004
       ┤├──────────────────────────────────────────(Y000   )

                                          * <读1#站第5个网络位元件信号送Y1  >
       M1068
       ┤├──────────────────────────────────────────(Y001   )

                                          * <读2#站第5个网络位元件信号送Y2  >
       M1132
       ┤├──────────────────────────────────────────(Y002   )

                                          * <读3#站第5个网络位元件信号送Y3  >
       M1196
       ┤├──────────────────────────────────────────(Y003   )

                                          * <读4#站第5个网络位元件信号送Y4  >
       M1260
       ┤├──────────────────────────────────────────(Y004   )

                                          * <读6#站第6个网络位元件信号送Y6  >
       M1389
       ┤├──────────────────────────────────────────(Y006   )

                                          * <读7#站第6个网络位元件信号送Y7  >
       M1453
       ┤├──────────────────────────────────────────(Y007   )

49     ─────────────────────────────────────────────[END    ]
```

图 7.11 5♯从站梯形图

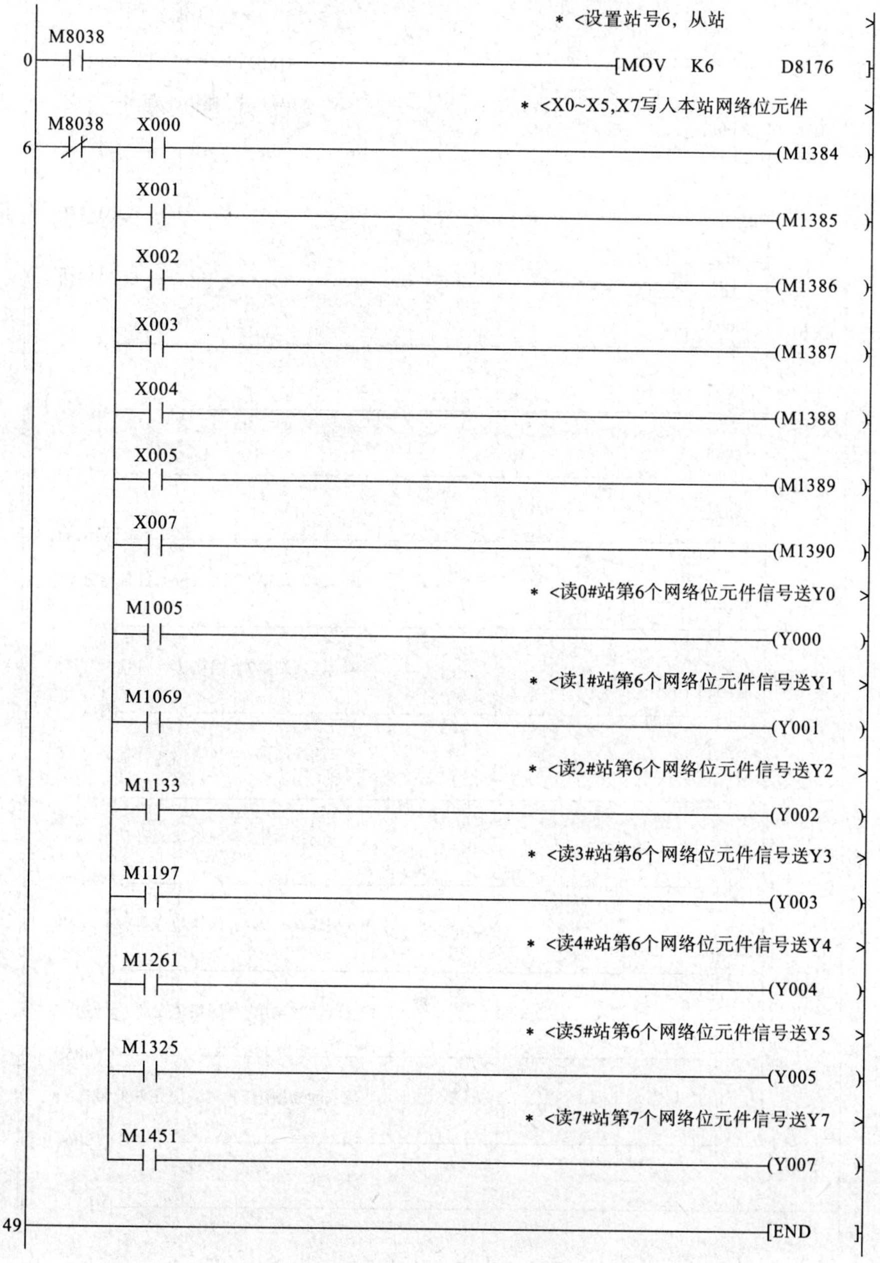

```
                                                    * <设置站号6，从站              >
      M8038
0  ├─┤ ┤                                            [MOV   K6       D8176 ]

                                              * <X0~X5,X7写入本站网络位元件        >
      M8038  X000
6  ├─┤/├──┤ ├──────────────────────────────────────────(M1384 )

            X001
           ──┤ ├──────────────────────────────────────────(M1385 )

            X002
           ──┤ ├──────────────────────────────────────────(M1386 )

            X003
           ──┤ ├──────────────────────────────────────────(M1387 )

            X004
           ──┤ ├──────────────────────────────────────────(M1388 )

            X005
           ──┤ ├──────────────────────────────────────────(M1389 )

            X007
           ──┤ ├──────────────────────────────────────────(M1390 )

                                        * <读0#站第6个网络位元件信号送Y0 >
            M1005
           ──┤ ├──────────────────────────────────────────(Y000 )

                                        * <读1#站第6个网络位元件信号送Y1 >
            M1069
           ──┤ ├──────────────────────────────────────────(Y001 )

                                        * <读2#站第6个网络位元件信号送Y2 >
            M1133
           ──┤ ├──────────────────────────────────────────(Y002 )

                                        * <读3#站第6个网络位元件信号送Y3 >
            M1197
           ──┤ ├──────────────────────────────────────────(Y003 )

                                        * <读4#站第6个网络位元件信号送Y4 >
            M1261
           ──┤ ├──────────────────────────────────────────(Y004 )

                                        * <读5#站第6个网络位元件信号送Y5 >
            M1325
           ──┤ ├──────────────────────────────────────────(Y005 )

                                        * <读7#站第7个网络位元件信号送Y7 >
            M1451
           ──┤ ├──────────────────────────────────────────(Y007 )

49 ────────────────────────────────────────────────────────[END ]
```

图 7.12 6＃从站梯形图

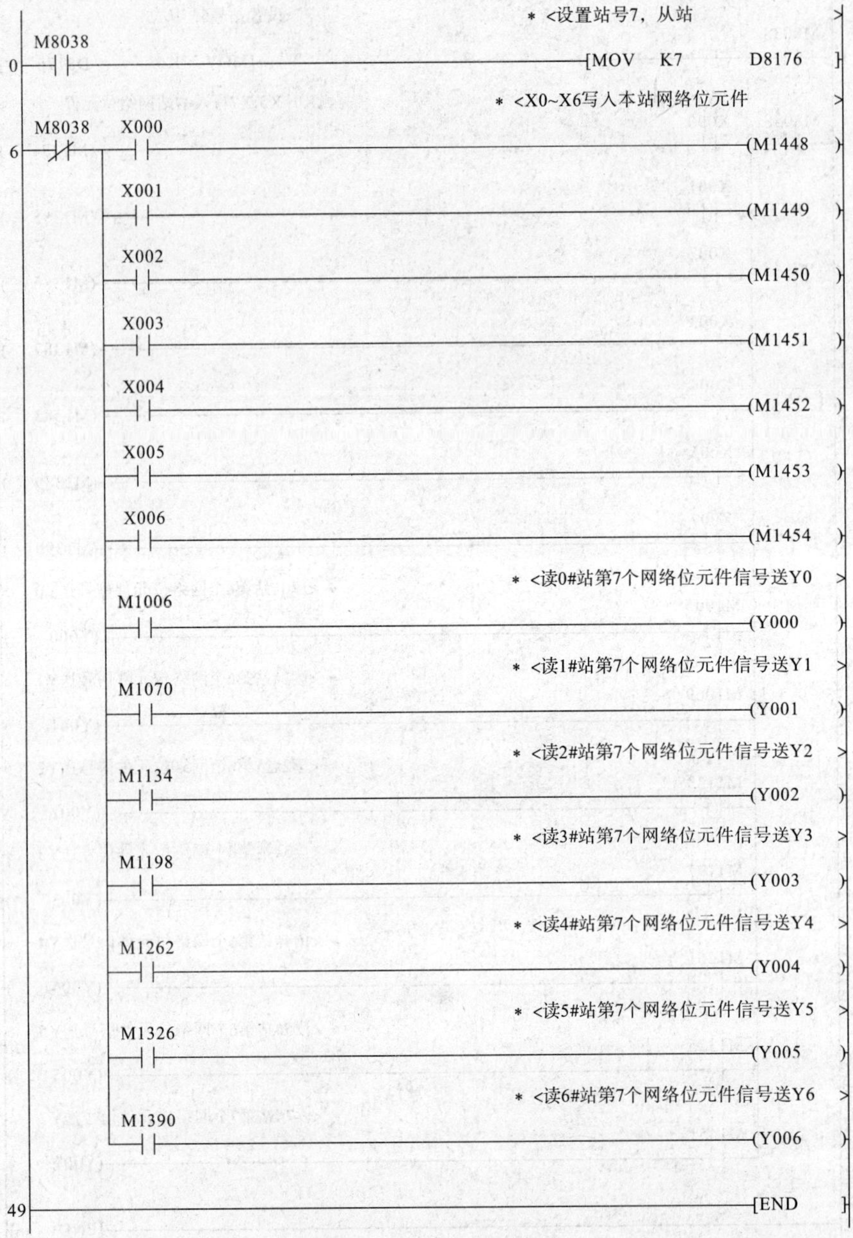

```
                                              * <设置站号7, 从站                    >
     M8038
0 ──┤/├──────────────────────────────────[MOV  K7      D8176 ]
                                              * <X0~X6写入本站网络位元件            >
     M8038  X000
6 ──┤/├───┤├────────────────────────────────────────────(M1448 )
          X001
       ───┤├────────────────────────────────────────────(M1449 )
          X002
       ───┤├────────────────────────────────────────────(M1450 )
          X003
       ───┤├────────────────────────────────────────────(M1451 )
          X004
       ───┤├────────────────────────────────────────────(M1452 )
          X005
       ───┤├────────────────────────────────────────────(M1453 )
          X006
       ───┤├────────────────────────────────────────────(M1454 )
                                              * <读0#站第7个网络位元件信号送Y0 >
     M1006
       ───┤├────────────────────────────────────────────(Y000 )
                                              * <读1#站第7个网络位元件信号送Y1 >
     M1070
       ───┤├────────────────────────────────────────────(Y001 )
                                              * <读2#站第7个网络位元件信号送Y2 >
     M1134
       ───┤├────────────────────────────────────────────(Y002 )
                                              * <读3#站第7个网络位元件信号送Y3 >
     M1198
       ───┤├────────────────────────────────────────────(Y003 )
                                              * <读4#站第7个网络位元件信号送Y4 >
     M1262
       ───┤├────────────────────────────────────────────(Y004 )
                                              * <读5#站第7个网络位元件信号送Y5 >
     M1326
       ───┤├────────────────────────────────────────────(Y005 )
                                              * <读6#站第7个网络位元件信号送Y6 >
     M1390
       ───┤├────────────────────────────────────────────(Y006 )
49 ──────────────────────────────────────────────────────[END ]
```

图 7.13 7# 从站梯形图

【实训报告】

按照实训要求,填写实训报告。

【实训知识】

一、三菱可编程控制器的通讯类型

三菱主机 FX 系列支持五种类型的通讯：N:N 网、并行链接、计算机链接、无协议通讯（用 RS 指令进行数据传输）、可选编程口。下面介绍有代表性的两种。

1. N:N 网络

用 FX2N、FX2NC、FX1N、FXON 可编程控制器进行的数据传输可建立在 N:N 的基础上，总站点数最大 8 个。

2. 计算机链接（用专用协议进行数据传输）

用 RS485(422) 单元进行的数据传输可用专用协议在 1:N(16) 的基础上完成，最多可以连 16 台 PLC 机。

二、通讯格式

这里介绍怎样在无协议通讯（RS 指令）和计算机链接之间进行通讯设置。

1. 什么是通讯格式

通讯格式决定计算机链接和无协议通讯（RS 指令）间的通讯设置（数据长度、奇偶校验和波特率等）。

通讯格式可用可编程控制器中的特殊数据寄存器 D8120 来进行设置，根据所使用的外部设备来设置 D8120。当修改了 D8120 的设置后，确保关掉可编程控制器的电源，然后再打开，否则无效。

2. 相关标志和数据寄存器

（1）特殊辅助继电器

表 7.11

特殊辅助继电器	描述
M8121	数据传输延时（RS 指令）
M8122	数据传输标志（RS 指令）
M8123	接收结束标志（RS 指令）
M8124	载波检测标志（RS 指令）
M8126	全局标志（计算机链接）
M8127	接通要求握手标志（计算机链接）
M8128	接通要求错误标志（计算机链接）
M8129	接通要求字/字节变换（计算机链接）
	超时评估标志（RS 指令）
M8161	8 位/16 位变换标志（RS 指令）

（2）特殊数据寄存器

表 7.12

特殊数据寄存器	描述
D8120	通讯格式（RS指令,计算机链接）
D8121	站点号设定（计算机链接）
D8122	剩余待传输数据数（RS指令）
D8123	接收数据数（RS指令）
D8124	数据标题〈初始值:STX〉（RS指令）
D8125	数据结束符〈初始值:ETX〉（RS指令）
D8127	接通要求首元件寄存器（计算机链接）
D8128	接通要求数据长度寄存器（计算机链接）
D8130	数据网络超时计时器值（RS指令,计算机链接）

注:"（）"表示使用的应用场合。

（3）通讯格式

表 7.13

位号	名称	描述	
		0（位＝OFF）	1（位＝ON）
b0	数据长度	7 位	8 位
b1 b2	奇偶	（b2,b1）、（0,0）:无 （0,1）:奇、（1,1）:偶	
b3	停止位	1 位	2 位
b4 b5 b6 b7	波特率 （BPS）	（b7,b6,b5,b4） （0,0,1,1）:300 （0,1,0,0）:600 （0,1,0,1）:1,200 （0,1,1,0）:2,400	（b7,b6,b5,b4） （0,1,1,1）:4,800 （1,0,0,0）:9,600 （1,0,0,1）:19,200
b8	标题	无	有效（D8124）默认:STX(02H)
b9	终结符	无	有效（D8125）默认:ETX(03H)
b10 b11 b12	控制线	无协议	（b12,b11,b10） （0,0,0）:无作用＜RS232C 接口＞ （0,0,1）:端子模式＜RS232C 接口＞ （0,1,0）:互连模式＜RS232C 接口＞（FN2N V2.00 版或以后） （0,1,1）:普通模式 1＜RS232C 接口＞＜RS485（422）接口＞ （1,0,1）:普通模式 2＜RS232C 接口＞（仅 FX、FX2C）
		计算机链接	（b12,b11,b10） （0,0,0）:RS485（422）接口 （0,1,0）:RS232C 接口
b13	和校验	没有添加和校验码	自动添加和校验码
b14	协议	无协议	专用协议
b15	传输控制协议	协议格式 1	协议格式 4

示例：

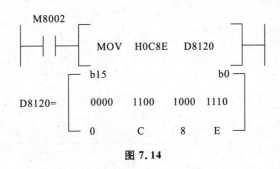

图 7.14

表 7.14

数据长度	7 位
奇偶	偶
停止位	2 位
波特率	9600BPS
协议	无协议
标题	未使用
终结符	未使用
控制线	普通模式 1

三、计算机链接(即 1:N 通讯)

1. 链接后的数据流

图 7.15 为可编程控制器的读、写及状态控制的数据流程图。

① 计算机从可编程控制器读取数据。

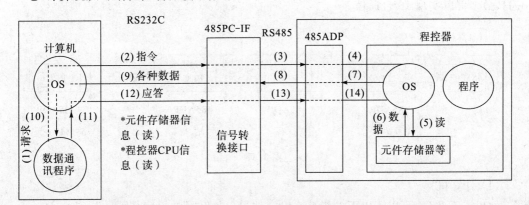

图 7.15

② 计算机向可编程控制器发送数据。

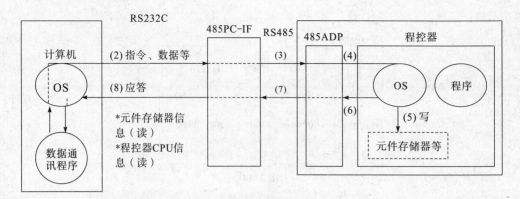

图 7.16

③ 可编程控制器向计算机发送数据。

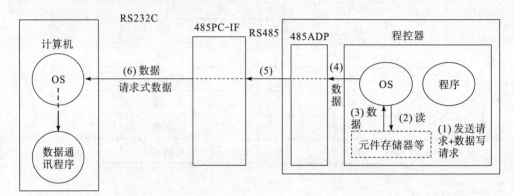

图 7.17

2. 站号

站号即可编程控制器提供的数字,用来确定计算机在访问哪一个可编程控制器。在 FX 系列可编程控制器中,站号是通过特殊数据寄存器 D8121 来设定的,设定范围是从 00H 到 0FH,最多可以实现 16 台通信。

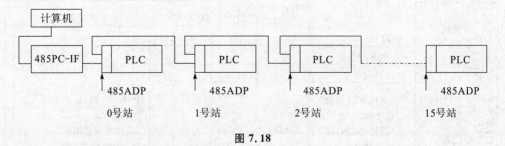

图 7.18

(1) 计算机

在以上系统中,可以用以下的指令来设定站号。如 0 号站设定如下:

LD   M8002

MOV   K0   D8121

（2）梯形图

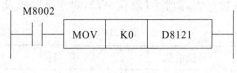

图 7.19

（3）注意事项

① 在设定站号时，不要为多个站设定相同的号码，否则传送数据将会混乱并引起通讯的不正常。

② 站号不必按数字顺序来设定，在指定范围内（00H～0FH）可以自由设定。例如，按随机的顺序或跳过一些数字都是可以的，但总站数不能超过 16。

用一对导线连接，接线图如下：

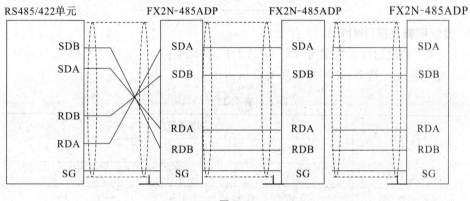

图 7.20

四、N:N 网络

当程序运行或可编程控制器电源打开时，N:N 网络的每一个设置都变为有效。

1. 设定站点号（D8176）

设定 0～7 的值到特殊数据寄存器 D8176 中。

表 7.15

设定值	描述	
0	主站点号	
1～7	从站点号	例：1 是第 1 从站点，2 是第 2 从站点

如设定主站 0：

MOV　K0　D8176

设定从站 1：

MOV　K1　D8176

2. 设定从站点的总数(D8177)

设定 0~7 的值到特殊数据寄存器中(默认=7),对于从站点此设定不需要。

表 7.16

设定值	描　述
1	1 个从站点
2	2 个从站点
3	3 个从站点
4	4 个从站点
5	5 个从站点
6	6 个从站点
7	7 个从站点

3. 设置刷新范围(D8178)

设定 0~2 的值到特殊数据寄存器 D8178 中(默认=0),对于从站此设置不需要。在每种模式下使用的元件被 N:N 网络的所有点所占用。

表 7.17

通讯设备	刷新范围		
	模式 0	模式 1	模式 2
位软元件(M)	0 点	32 点	64 点
字软元件(D)	4 点	4 点	8 点

① 在模式 0 的情况下:

表 7.18

站点号	软元件号	
	位软元件(M)	字软元件(D)
	0 点	4 点
第 0 号	—	D0 到 D3
第 1 号	—	D10 到 D13
第 2 号	—	D20 到 D23
第 3 号	—	D30 到 D33
第 4 号	—	D40 到 D43
第 5 号	—	D50 到 D53
第 6 号	—	D60 到 D63
第 7 号	—	D70 到 D73

② 在模式 1 的情况下:

表 7.19

站点号	软元件号	
	位软元件(M)	字软元件(D)
	32 点	4 点
第 0 号	M1000 到 M1031	D0 到 D3
第 1 号	M1064 到 M1095	D10 到 D13
第 2 号	M1128 到 M1159	D20 到 D23
第 3 号	M1192 到 M1223	D30 到 D33
第 4 号	M1256 到 M1287	D40 到 D43
第 5 号	M1320 到 M1351	D50 到 D53
第 6 号	M1384 到 M1415	D60 到 D63
第 7 号	M1448 到 M1479	D70 到 D73

③ 模式 2 的情况下:

表 7.20

站点号	软元件号	
	位软元件(M)	字软元件(D)
	64 点	8 点
第 0 号	M1000 到 M1063	D0 到 D7
第 1 号	M1064 到 M1127	D10 到 D17
第 2 号	M1128 到 M1191	D20 到 D27
第 3 号	M1192 到 M1255	D30 到 D37
第 4 号	M1256 到 M1319	D40 到 D47
第 5 号	M1320 到 M1383	D50 到 D57
第 6 号	M1384 到 M1447	D60 到 D67
第 7 号	M1448 到 M1511	D70 到 D77

4. 设定重试次数(D8179)

设定 0 到 10 的值到特殊寄存器 D8179 中(默认＝3),从站点不需要此设置。

5. 设置通讯超时(D8180)

设定 5 到 255 的值到特殊寄存器 D8180 中(默认＝5),此值乘以 10 ms 就是通讯超时的持续时间。通讯超时是主站与从站间的通讯驻留时间。例如:

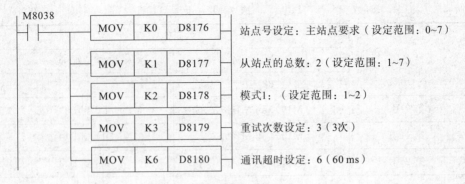

图 7.21

　　确保把以上的程序作为 N:N 网络参数设定程序,从第 0 步开始写入。此程序不需要执行,因为把其编入此位置时,它自动变为有效。

6. 导线连接

用一对导线连接,接线图如下:

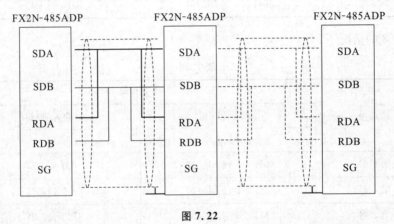

图 7.22

【实训拓展】

　　当任意两台设备之间有信息交换时,它们之间就产生了通信。PLC 通信是指 PLC 与 PLC、PLC 与计算机、PLC 与现场设备或远程 I/O 之间的信息交换。

　　PLC 通信的任务就是将地理位置不同的 PLC、计算机、各种现场设备等,通过通信介质连接起来,按照规定的通信协议,以某种特定的通信方式高效率地完成数据的传送、交换和处理。这里就通信方式、通信介质、通信协议及常用的通信接口等内容加以介绍。

一、通信方式

1. 并行通信与串行通信

数据通信主要有并行通信和串行通信两种方式。

并行通信是以字节或字为单位的数据传输方式,除了 8 根或 16 根数据线、一根公共线外,还需要数据通信联络用的控制线。并行通信的传送速度快,但是传输线的根数多,成本高,一般用于近距离的数据传送。并行通信一般用于 PLC 的内部,如 PLC 内部元件之间、PLC 主机与扩展模块之间或近距离智能模块之间的数据通信。

串行通信是以二进制的位(bit)为单位的数据传输方式,每次只传送一位,除了地线外,在一个数据传输方向上只需要一根数据线,这根线既作为数据线又作为通信联络控制线,数据和联络信号在这根线上按位进行传送。串行通信需要的信号线少,最少的只需要两三根线,适用于距离较远的场合。计算机和 PLC 都备有通用的串行通信接口,工业控制中一般使用串行通信。串行通信多用于 PLC 与计算机之间、多台 PLC 之间的数据通信。

在串行通信中,传输速率常用比特率(每秒传送的二进制位数)来表示,其单位是比特/秒(bit/s)或 bps,传输速率是评价通信速度的重要指标。常用的标准传输速率有 300 bps、600 bps、1200 bps、2400 bps、4800 bps、9600 bps 和 19200 bps 等。不同的串行通信的传输速率差别极大,有的只有数百 bps,有的可达 100 Mbps。

2. 单工通信与双工通信

串行通信按信息在设备间的传送方向又分为单工、双工两种方式。

单工通信方式只能沿单一方向发送或接收数据。双工通信方式的信息可沿两个方向传送,每一个站既可以发送数据,也可以接收数据。

双工方式又分为全双工和半双工两种方式。数据的发送和接收分别由两根或两组不同的数据线传送,通信的双方都能在同一时刻接收和发送信息,这种传送方式称为全双工方式。用同一根线或同一组线接收和发送数据,通信的双方在同一时刻只能发送数据或接收数据,这种传送方式称为半双工方式。在 PLC 通信中常采用半双工和全双工通信。

3. 异步通信与同步通信

在串行通信中,通信的速率与时钟脉冲有关,接收方和发送方的传送速率应相同,但是实际的发送速率与接收速率之间总是有一些微小的差别,如果不采取一定的措施,在连续传送大量的信息时,会因积累误差造成错位,使接收方收到错误的信息。为了解决这一问题,需要使发送和接收同步,按同步方式的不同,可将串行通信分为异步通信和同步通信。

二、通信介质

通信介质就是在通信系统中位于发送端与接收端之间的物理通路。通信介质一般可分为导向性和非导向性介质两种。导向性介质有双绞线、同轴电缆和光纤等,这种介质将引导信号的传播方向。非导向性介质一般通过空气传播信号,它不为信号引导传播方向,如短波、微波和红外线通信等。

三、PLC 常用通信接口

PLC 通信主要采用串行异步通信,其常用的串行通信接口标准有 RS-232C、RS-422A 和 RS-485 等。

1. RS-232C

RS-232C 是美国电子工业协会 EIA 于 1969 年公布的通信协议,它的全称是"数据终端设备(DTE)和数据通信设备(DCE)之间串行二进制数据交换接口技术标准"。RS-232C 接口标准是目前计算机和 PLC 中最常用的一种串行通信接口。

RS-232C 采用负逻辑,用 −5～−15 V 表示逻辑"1",用＋5～＋15 V 表示逻辑"0"。噪声容限为 2 V,即要求接收器能识别低至＋3 V 的信号作为逻辑"0",高到 −3 V 的信号 作为逻辑"1"。RS-232C 只能进行一对一的通信,RS-232C 可使用 9 针或 25 针的 D 型连接器,表 7.20 列出了 RS-232C 接口各引脚信号的定义以及 9 针与 25 针引脚的对应关系。PLC 一般使用 9 针的连接器。

表 7.21 RS-232C 接口引脚信号的定义

引脚号 (9 针)	引脚号 (25 针)	信号	方向	功能
1	8	DCD	IN	数据载波检测
2	3	RxD	IN	接收数据
3	2	TxD	OUT	发送数据
4	20	DTR	OUT	数据终端装置(DTE)准备就绪
5	7	GND		信号公共参考地
6	6	DSR	IN	数据通信装置(DCE)准备就绪
7	4	RTS	OUT	请求传送
8	5	CTS	IN	清除传送
9	22	CI(RI)	IN	振铃指示

如图 7.23(a)所示为两台计算机都使用 RS-232C 直接进行连接的典型连接,如图 7.23(b)所示为通信距离较近时只需 3 根连接线。

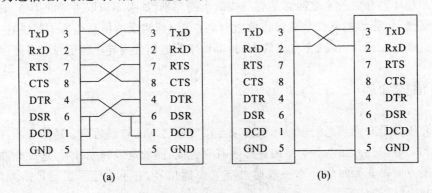

图 7.23 两个 RS-232C 数据终端设备的连接

如图所示 RS-232C 的电气接口采用单端驱动、单端接收的电路,容易受到公共地线上的电位差和外部引入的干扰信号的影响,同时还存在以下不足之处:

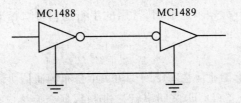

图 7.24 单端驱动单端接收的电路

① 传输速率较低,最高传输速度为 20 kbps。

② 传输距离短,最大通信距离为 15 m。

③ 接口的信号电平值较高,易损坏接口电路的芯片,又因为与 TTL 电平不兼容故需使用电平转换电路方能与 TTL 电路连接。

2. RS-422A

针对 RS-232C 的不足,EIA 于 1977 年推出了串行通信标准 RS-499,对 RS-232C 的电气特性作了改进,RS-422A 是 RS-499 的子集。

如图 7.25 所示,由于 RS-422A 采用平衡驱动、差分接收电路,从根本上取消了信号地线,大大减少了地电平所带来的共模干扰。平衡驱动器相当于两个单端驱动器,其输入信号相同,两个输出信号互为反相信号,图中的小圆圈表示反相。外部输入的干扰信号是以共模方式出现的,两极传输线上的共模干扰信号相同,因接收器是差分输入,共模信号可以互相抵消。只要接收器有足够的抗共模干扰能力,就能从干扰信号中识别出驱动器输出的有用信号,从而克服外部干扰的影响。

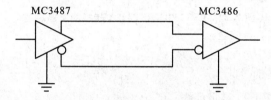

图 7.25　平衡驱动差分接收的电路

RS-422 在最大传输速率 10 Mbps 时,允许的最大通信距离为 12 m;传输速率为 100 kbps时,最大通信距离为 1200 m。一台驱动器可以连接 10 台接收器。

3. RS-485

RS-485 是 RS-422 的变形,RS-422 是全双工,两对平衡差分信号线分别用于发送和接收,所以采用 RS-422 接口通信时最少需要 4 根线。RS-485 为半双工,只有一对平衡差分信号线,不能同时发送和接收,最少只需二根连线。

如图 7.26 所示,使用 RS-485 通信接口和双绞线可组成串行通信网络,构成分布式系统,系统最多可连接 128 个站。

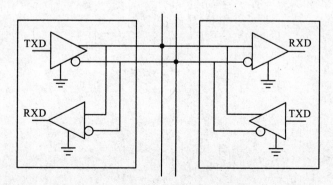

图 7.26　采用 RS-485 的网络

RS-485 的逻辑"1"以两线间的电压差为 +(2~6)V 表示,逻辑"0"以两线间的电压差为 -(2~6)V 表示。接口信号电平比 RS-232C 降低了,就不易损坏接口电路的芯片,且该电平与 TTL 电平兼容,可方便与 TTL 电路连接。由于 RS-485 接口具有良好的抗噪声干扰性、高传输速率(10 Mbps)、长的传输距离(1200 m)和多站能力(最多 128 站)等优点,所以在工业控制中广泛应用。

　　RS-422A/RS-485 接口一般采用 9 针的 D 型连接器,普通微机一般不配备 RS-422A 和 RS-485 接口,但工业控制微机基本上都有配置。如图 7.26 所示为 RS-232C/RS-422A 转换器的电路原理图。

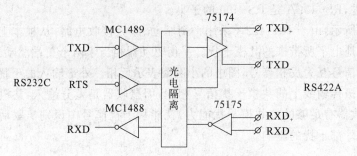

图 7.27　RS-232C/RS-422A 转换的电路原理

项目八

PLC的高级应用

实训一 液体混合装置控制的模拟

【实训目标】

熟练使用各条基本指令,通过对工程实例的模拟,熟练地掌握PLC的编程和程序调试。

【实训器材】

计算机、三菱 GX Developer 编程软件、THPLC-C 实训台。

【实训内容】

由图 8.1 可知,该装置为两种液体混合控制的模拟,SL1、SL2、SL3 为液面传感器,液体 A、B 阀门与混合液阀门由电磁阀 YV1、YV2、YV3 控制,M 为搅匀电机,控制要求如下:

① 初始状态:装置投入运行时,液体 A、B 阀门关闭,混合液阀门打开 20 秒将容器放空后关闭。

② 启动操作:按下启动按钮 SB1,液体 A 阀门打开,液体 A 流入容器。当液面到达 SL2 时,SL2 接通,关闭液体 A 阀门,打开液体 B 阀门。液面到达 SL1 时,关闭液体 B 阀门,搅匀电机开始搅匀。搅匀电机工作 6 秒后停止搅动,混合液体阀门打开,开始放出混合液体。当液面下降到 SL3 时,SL3 由接通变为断开,再过 2 秒后,容器放空,混合液阀门关闭,开始下一周期。

③ 停止操作:按下停止按钮 SB2 后,在当前的混合液操作处理完毕后,才停止操作(停在初始状态上)。

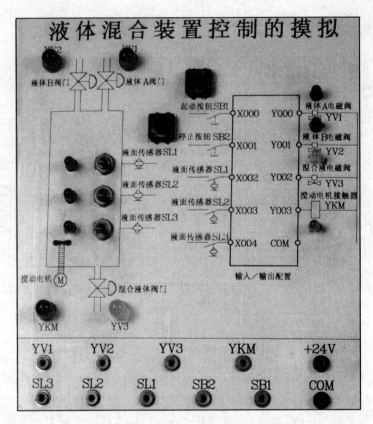

图 8.1　液体混合装置控制的模拟实训面板图

【实训步骤】

一、I/O 分配

1. 输入

表 8.1

序号	名　称	输入点	序号	名　称	输入点
0	启动按钮 SB1	X000	3	液面传感器 SL2	X003
1	停止按钮 SB2	X001	4	液面传感器 SL3	X004
2	液面传感器 SL1	X002			

2. 输出

表 8.2

序号	名 称	输出点	序号	名 称	输出点
0	液体 A 电磁阀 YV1	Y000	2	混合液电磁阀 YV3	Y002
1	液体 B 电磁阀 YV2	Y001	3	搅动电机接触器 YKM	Y003

二、工艺分析

液体混合装置控制的模拟中的 V1、V2、V3、M 分别接主机的输出点 Y0、Y1、Y2、Y3；起、停按钮 SB1、SB2 分别接主机的输入点 X0、X1；液面传感器 SL1、SL2、SL3 分别接主机的输入点 X2、X3、X4。液面传感器用钮子开关来模拟；启动、停止用动合按钮来实现；液体 A 阀门、液体 B 阀门、混合液阀门的打开与关闭以及搅匀电机的运行与停转用发光二极管的点亮与熄灭来模拟。

三、程序编辑及输入

① 语句表：

表 8.3

步序	指令	器件号	说明	步序	指令	器件号	说明
0	LD	M8002		26	MRD		
1	OR	M20		27	LD	X002	
2	RST	Y000		28	OR	T1	
3	RST	Y001		29	OR	M0	
4	MPS			30	ANB		
5	ANI	T0		31	MPS		
6	OUT	M20		32	ANI	T1	
7	MPP			33	OUT	Y3	
8	OUT	T0		34	MPP		
		K200		35	OUT	T1	
11	LDI	X001				K60	
12	ANI	T0		38	MPP		
13	ANI	T2		39	AND	T1	
14	MPS			40	OUT	M21	
15	LD	X000		41	ANI	X004	
16	OR	Y000		42	OUT	T2	
17	ANB					K20	

步序	指令	器件号	说明	步序	指令	器件号	说明
18	ANI	X003		45	LD	M20	
19	ANI	T1		46	OR	M21	
20	OUT	Y000		47	OUT	Y002	
21	MRD			48	LD	X001	
22	AND	X003		49	OR	M0	
23	ANI	X002		50	ANI	T2	
24	ANI	T1		51	OUT	M0	
25	OUT	Y001		52	END		

② 梯形图：

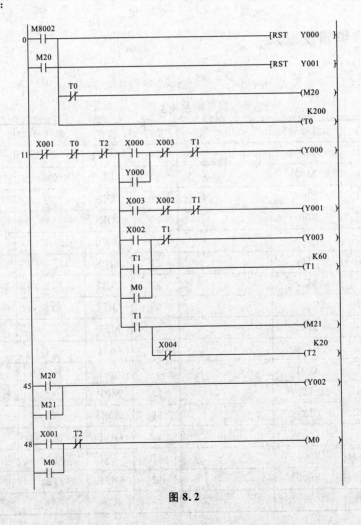

图 8.2

四、接线

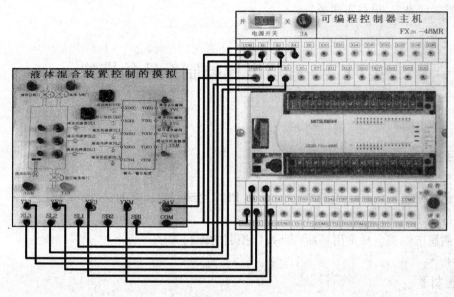

图 8.3

五、下载程序进行调试

通过专用电缆连接计算机与 PLC 主机,下载程序。将 PLC 主机上的"STOP/RUN"按钮拨到"RUN"位置,运行指示灯点亮,表明程序开始运行。

① 初始状态:装置投入运行时,液体 A、B 阀门关闭,混合液阀门打开 20 秒将容器放空后关闭。

② 启动操作:按下启动按钮 SB1,X000 的动合触点闭合,Y000 保持接通,液体 A 电磁阀 YV1 打开,液体 A 流入容器。

当液面上升到 SL3 时,虽然 X004 动合触点接通,但没有引起输出动作。

当液面上升到 SL2 位置时,SL2 接通,X003 的动合触点接通,LDI X003 使 Y000 线圈断开,YV1 电磁阀关闭,液体 A 停止流入。同时,LD X003 使 Y001 线圈接通,液体 B 电磁阀 YV2 打开,液体 B 流入。

当液面上升到 SL1 时,SL1 接通,使 Y001 线圈断开,YV2 关闭,液体 B 停止注入,X002 动合触点闭合,Y003 线圈接通,搅匀电机工作,开始搅匀。搅匀电机工作时,启动定时器 T1,过了 6 秒,T0 动合触点闭合,Y003 线圈断开,电机停止搅动。当搅匀电机由接通变为断开时,T1 的动合触点闭合,Y002 线圈接通,混合液电磁阀 YV3 打开,开始放混合液。

液面下降到 SL3,液面传感器 SL3 由接通变为断开,T2 开始工作,2 秒后混合液流完,T2 动合触点断开,Y002 线圈断开,电磁阀 YV3 关闭。开始下一循环。

③ 停止操作:按下停止按钮 SB2,X001 的动合触点断开,在当前的混合操作处理完毕后,使 Y000 不能再接通,即停止操作。

【实训报告】

按照实训要求,填写实训报告。

实训二 五层电梯控制系统的模拟

【实训目标】

① 通过对工程实例的模拟,熟练地掌握 PLC 的编程和程序调试方法;
② 进一步熟悉 PLC 的 I/O 连接;
③ 熟悉五层楼电梯采用轿厢内外按钮控制的编程方法。

【实训器材】

计算机、三菱 GX Developer 编程软件、THPLC-C 实训台。

【实训内容】

电梯由安装在各楼层厅门口的上升和下降按钮进行呼叫操纵,其操纵内容为电梯运行方向。电梯轿厢内设有楼层内选按钮 S1~S5,用以选择需停靠的楼层。L1 为一层指示、L2 为二层指示、L3 为三层指示、L4 为四层指示、L5 为五层指示,SQ1~SQ5 为到位行程开关。电梯上升途中响应上升呼叫、记忆下降呼叫,下降途中响应下降呼叫、记忆上升呼叫,任何反方向的呼叫均只记忆不停机。

【实训步骤】

一、工艺过程分析

例如,接通 X012 即接通 SQ1,表示轿厢原停楼层 1,按 S3,即 X001 接通一下,表示呼叫楼层 3,则 Y007 接通,三层内选指示灯 SL3 亮,Y005 接通,表示电梯上升,手动(表示轿厢离开底层,释放行程开关)SQ1 断开。电梯在底层与二层之间运行指示灯 L1 亮,手动闭合 SQ2 后,一层指示灯 L1 灭、二层指示灯 L2 亮。断开 SQ2,手动闭合 SQ3 后,二层指示灯 L2 灭、三层指示灯 L3 亮。直至 SQ3 接通,Y007 断开(三层内选指示灯 SL3 灭),Y005 断开(表示电梯上升停止),三层指示灯 L3 灭,电梯到达三层。如此动作:
① 电梯在一、二、三、四、五层楼分别设置一个行程开关,在轿厢内设置五个楼层内选按

钮。在行程开关 SQ1、SQ2、SQ3、SQ4、SQ5 都断开的情况下,呼叫不起作用。

②当响应指令时,在楼层停 4 秒后继续运行。电梯轿厢内设有楼层内选按钮 S1～S5,用以选择需停靠的楼层。L1 为一层指示、L2 为二层指示、L3 为三层指示、L4 为四层指示、L5 为五层指示。

二、输入/输出的分配

1. 输入

表 8.4

序号	名　称	输入点	序号	名　称	输出点
0	五层内选按钮 S5	X000	9	一层上呼按钮 U1	X011
1	四层内选按钮 S4	X001	10	二层上呼按钮 U2	X012
2	三层内选按钮 S3	X002	11	三层上呼按钮 U3	X013
3	二层内选按钮 S2	X003	12	四层上呼按钮 U4	X014
4	一层内选按钮 S1	X004	13	一层行程开关 SQ1	X015
5	五层下呼按钮 D5	X005	14	二层行程开关 SQ2	X016
6	四层下呼按钮 D4	X006	15	三层行程开关 SQ3	X017
7	三层下呼按钮 D3	X007	16	四层行程开关 SQ4	X020
8	二层下呼按钮 D2	X010	17	五层行程开关 SQ5	X021

2. 输出

表 8.5

序号	名　称	输出点	序号	名　称	输出点
0	五层指示 L5	Y000	10	二层内选指示 SL2	Y012
1	四层指示 L4	Y001	11	一层内选指示 SL1	Y013
2	三层指示 L3	Y002	12	一层上呼指示 UP1	Y014
3	二层指示 L2	Y003	13	二层上呼指示 UP2	Y015
4	一层指示 L1	Y004	14	三层上呼指示 UP3	Y016
5	轿厢下降指示 DOWN	Y005	15	四层上呼指示 UP4	Y017
6	轿厢上升指示 UP	Y006	16	二层下呼指示 DN2	Y020
7	五层内选指示 SL5	Y007	17	三层下呼指示 DN3	Y021
8	四层内选指示 SL4	Y010	18	四层下呼指示 DN4	Y022
9	三层内选指示 SL3	Y011	19	五层下呼指示 DN5	Y023

3. 辅助继电器、定时器分配及作用

表 8.6

序号	作　用	元件	序号	名　称	元件
1	轿厢停层信号	M0	15	3 层厅外上召继电器	M33
2	无选层信号继电器	M6	16	4 层厅外上召继电器	M34
3	1 楼层位置继电器	M11	17	2 层厅外下召继电器	M42
4	2 楼层位置继电器	M12	18	3 层厅外下召继电器	M43
5	3 楼层位置继电器	M13	19	4 层厅外下召继电器	M44
6	4 楼层位置继电器	M14	20	5 层厅外下召继电器	M45
7	5 楼层位置继电器	M15	21	1 层选层继电器	M51
8	1 层指令继电器	M21	22	2 层选层继电器	M52
9	2 层指令继电器	M22	23	3 层选层继电器	M53
10	3 层指令继电器	M23	24	4 层选层继电器	M54
11	4 层指令继电器	M24	25	5 层选层继电器	M55
12	5 层指令继电器	M25	26	上方向选择继电器	M120
13	1 层厅外上召继电器	M31	27	下方向选择继电器	M121
14	2 层厅外上召继电器	M32	28	轿厢停层时间(4S)	T0

三、程序编辑及输入

实训梯形图如图 8.4 所示。

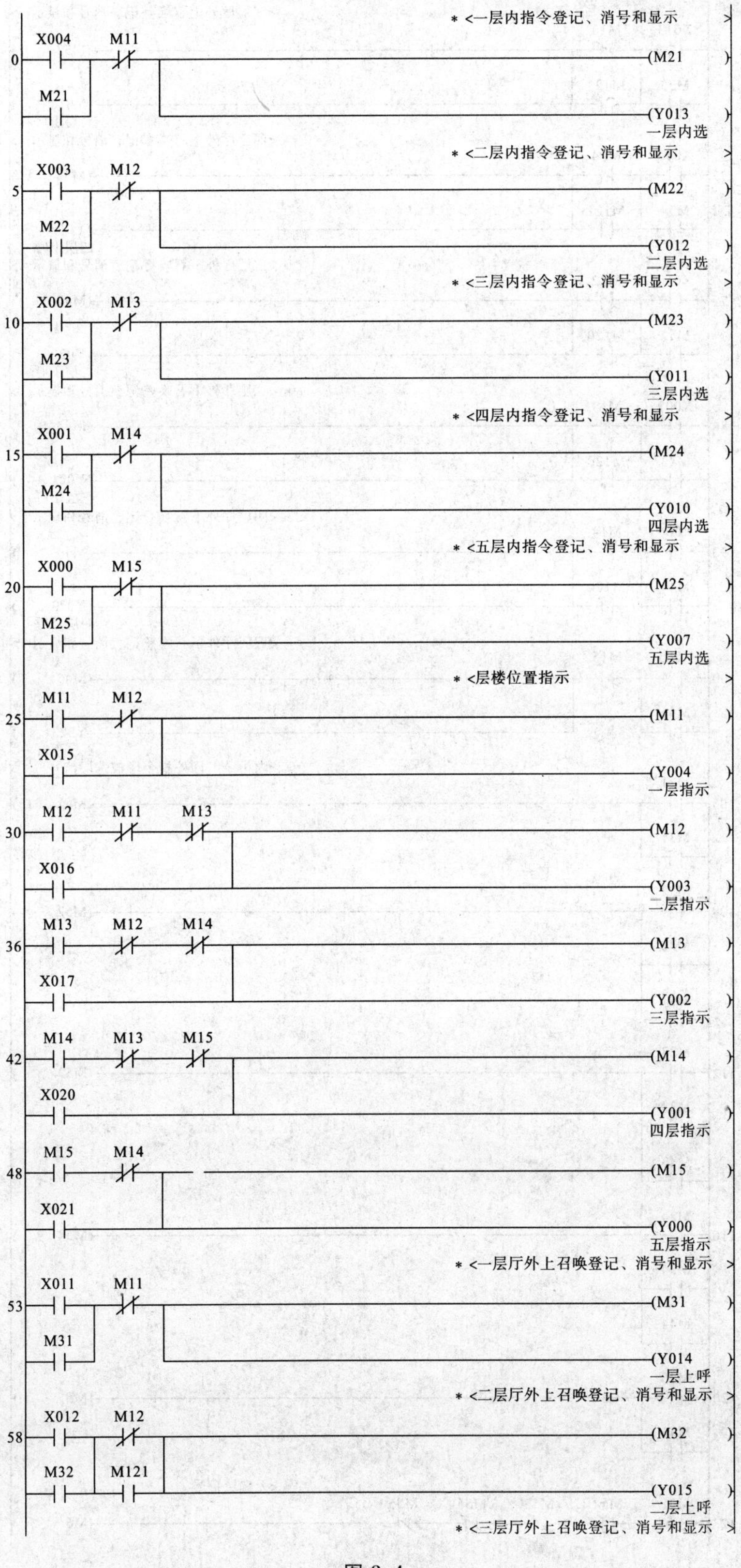

* <一层内指令登记、消号和显示
0 X004 M11 (M21)
M21 (Y013) 一层内选
* <二层内指令登记、消号和显示
5 X003 M12 (M22)
M22 (Y012) 二层内选
* <三层内指令登记、消号和显示
10 X002 M13 (M23)
M23 (Y011) 三层内选
* <四层内指令登记、消号和显示
15 X001 M14 (M24)
M24 (Y010) 四层内选
* <五层内指令登记、消号和显示
20 X000 M15 (M25)
M25 (Y007) 五层内选
* <层楼位置指示
25 M11 M12 (M11)
X015 (Y004) 一层指示
30 M12 M11 M13 (M12)
X016 (Y003) 二层指示
36 M13 M12 M14 (M13)
X017 (Y002) 三层指示
42 M14 M13 M15 (M14)
X020 (Y001) 四层指示
48 M15 M14 (M15)
X021 (Y000) 五层指示
* <一层厅外上召唤登记、消号和显示
53 X011 M11 (M31)
M31 (Y014) 一层上呼
* <二层厅外上召唤登记、消号和显示
58 X012 M12 (M32)
M32 M121 (Y015) 二层上呼
* <三层厅外上召唤登记、消号和显示

图 8.4

```
                                              * <三层厅外上召唤登记、消号和显示 >
      X013   M13
65    ─┤├──────┤/├─────────────────────────────────────(M33   )

      M33    M121
      ─┤├──────┤├──                                    (Y016  )
                                                       三层上呼
                                              * <四层厅外上召唤登记、消号和显示 >
      X014   M14
72    ─┤├──────┤/├─────────────────────────────────────(M34   )

      M34    M121
      ─┤├──────┤├──                                    (Y017  )
                                                       四层上呼
                                              * <二层厅外下召唤登记、消号和显示 >
      X010   M12
79    ─┤├──────┤/├─────────────────────────────────────(M42   )

      M42    M120
      ─┤├──────┤├──                                    (Y020  )
                                                       二层下呼
                                              * <三层厅外下召唤登记、消号和显示 >
      X007   M13
86    ─┤├──────┤/├─────────────────────────────────────(M43   )

      M43    M120
      ─┤├──────┤├──                                    (Y021  )
                                                       三层下呼
                                              * <四层厅外下召唤登记、消号和显示 >
      X006   M14
93    ─┤├──────┤/├─────────────────────────────────────(M44   )

      M44    M120
      ─┤├──────┤├──                                    (Y022  )
                                                       四层下呼
                                              * <五层厅外下召唤登记、消号和显示 >
      X005   M15
100   ─┤├──────┤/├─────────────────────────────────────(M45   )

      M45
      ─┤├──                                            (Y023  )
                                                       五层下呼
                                              * <内指令、厅外指令形成选层信号 >
      M21
105   ─┤├───────────────────────────────────────────────(M51   )

      M31
      ─┤├──

      M22
108   ─┤├───────────────────────────────────────────────(M52   )

      M32
      ─┤├──

      M42
      ─┤├──

      M23
112   ─┤├───────────────────────────────────────────────(M53   )

      M33
      ─┤├──

      M43
      ─┤├──

      M24
116   ─┤├───────────────────────────────────────────────(M54   )

      M34
      ─┤├──

      M44
      ─┤├──

      M25
120   ─┤├───────────────────────────────────────────────(M55   )

      M45
      ─┤├──

                                              * <无选层信号 >
      M51    M52    M53    M54    M55
123   ─┤/├──────┤/├──────┤/├──────┤/├──────┤/├──────────(M6    )
```

续图 8.4

续图 8.4

四、接线

如图 8.5 所示，SQ1、SQ2、SQ3、SQ4、SQ5 分别接主机的输入点 X15、X16、X17、X20、X21；S1、S2、S3、S4、S5 分别接主机的输入点 X4、X3、X2、X1、X0；D5、D4、D3、D2、U1、U2、U3、U4 分别接主机的输入点 X5、X6、X7、X10、X11、X12、X13、X14；L1、L2、L3、L4、L5 分别接主机的输出点 Y4、Y3、Y2、Y1、Y0；DOWN、UP 分别接主机的输出点 Y5、Y6；SL1、SL2、SL3、SL4、SL5 分别接主机的输出点 Y13、Y12、Y11、Y10、Y007；UP1、UP2、UP3、UP4、DN2、DN3、DN4、DN5 分别接主机的输出点 Y14、Y15、Y16、Y17、Y20、Y21、Y22、Y23。

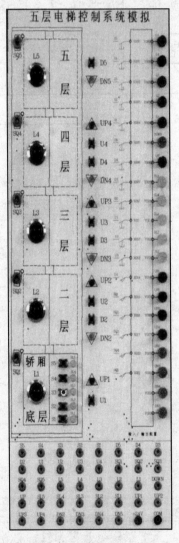

图 8.5

下载程序并调试运行，观察面板灯闪烁是否符合任务要求。

【实训报告】

按照实训要求,填写实训报告。

功能指令介绍

附表 1.1

分类	助记符	指令格式、操作元件				指令名称及功能
循环移位	ROR	D·	n			循环右移
	ROL	D·	n			循环左移
	RCR	D·	n			带进位循环右移
	RCL	D·	n			带进位循环左移
	SFTR	S·	D·	n1	n2	位右移
	SFTL	S·	D·	n1	n2	位左移
	WSFR	S·	D·	n1	n2	字右移
	WSFL	S·	D·	n1	n2	字左移
数据处理	ZRST	D1·	D2·			区间复位
	DECO	S·	D·	n		解码
	ENCO	S·	D·	n		编码
程序流控制	CJ	P0～P63				条件跳转:程序跳转到指针 P 指定处
	CALL	P0～P62				调用子程序:调用指针 P 指定的子程序
	SRET					子程序返回
	IRET					中断返回
	EI					允许中断
	DI					禁止中断
	FEND					主程序结束
	WDT					警戒时钟
	FOR	S·(B4)				循环开始
	NEXT					循环结束

分类	助记符	指令格式、操作元件				指令名称及功能
比较传送	CMP	S1·(B4)	S2·(B4)	D·(A1)		比较:[S1·]与[S2·]比较→[D·]
	ZCP	S1·(B4)	S2·(B4)	S·(B4)	D·(A1)	区间比较:[S·]与[S1·]-[S2·]比较→[D·]
	MOV	S·(B4)		D·(B2)		传送:[S·]→[D·]
	SMOV	S·(B4)	m1	D·(B2)	n	移位传送:[S·]第m1位开始的m2个数位移到[D·]的第n个位数
	CML	S·(B4)		D·(B2)		取反传送:[S·]取反→[D·]
	BMOV	S·(B4)	D·	n		块传送:n点[S·]→n点[D·]
	FMOV	S·(B4)	D·	n		多点传送:[S·]→n点[D·]
	XCH	D1·	D2·			数据交换:[S·]←→[D·]
	BCD	S·(B4)	D·			BCD变换:二进制码转换为BCD码
	BIN	S·(B4)	D·			BIN变换:BCD码转换为二进制码
四则运算和逻辑运算	ADD	S1·	S2·	D·		二进制加法
	SUB	S1·	S2·	D·		二进制减法
	MUL	S1·	S2·	D·		二进制乘法
	DIV	S1·	S2·	D·		二进制除法
	INC	D·				加1:[D·]+1→[D·]
	DEC	D·				减1:[D·]-1→[D·]

附录二

特殊继电器/寄存器介绍

附表 2.1

1. PLC 状态（M8000～M8009）

继电器	内容	适用机型				继电器	内容	适用机型			
		FX1S	FX1N	FX2N	FX2NC			FX1S	FX1N	FX2N	FX2NC
M8000	RUN 监控（常开触点）	√	√	√	√	M8005	电池电压低	×	×	√	√
M8001	RUN 监控（常闭触点）	√	√	√	√	M8006	电池电压低下锁存	×	×	√	√
M8002	初始脉冲（常开触点）	√	√	√	√	M8007	电源瞬停检出	×	×	√	√
M8003	初始脉冲（常闭触点）	√	√	√	√	M8008	停电检出	×	×	√	√
M8004	出错	√	√	√	√	M8009	DC24V 关断	×	×	√	√

2. PLC 状态（D8000～D8009）

寄存器	内容	适用机型				寄存器	内容	适用机型			
		FX1S	FX1N	FX2N	FX2NC			FX1S	FX1N	FX2N	FX2NC
D8000	警戒时钟	200ms	200ms	200ms	200ms	D8005	电池电压	×	×	√	√
D8001	PC 型号及系统版本	22	26	24	24	D8006	电池电压低	×	×	√	√
D8002	储存器容量	√	√	√	√	D8007	瞬停次数	×	×	√	√
D8003	储存器类型	√	√	√	√	D8008	停电检出时间	×	×	√	√
D8004	出错 M 编号	√	√	√	√	D8009	DC24V 关断时的单元	×	×	√	√

3. 时钟（M8010～M8019）

继电器	内容	适用机型				继电器	内容	适用机型			
		FX1S	FX1N	FX2N	FX2NC			FX1S	FX1N	FX2N	FX2NC
M8010		√	√	√	√	M8015	时间设置	√	√	√	√
M8011	10 ms 时钟	√	√	√	√	M8016	寄存器数据保存	√	√	√	√
M8012	100 ms 时钟	√	√	√	√	M8017	±30 s 修正	√	√	√	√
M8013	1 s 时钟	√	√	√	√	M8018	始终有效	√	√	√	√
M8014	1 min 时钟	√	√	√	√	M8019	设置错	√	√	√	√

4. 时钟（D8010～D8019）

寄存器	内容	适用机型				寄存器	内容	适用机型			
		FX1S	FX1N	FX2N	FX2NC			FX1S	FX1N	FX2N	FX2NC
D8010	当前扫描时间	√	√	√	√	D8015	h(0～23)	√	√	√	√
D8011	最少扫描时间	√	√	√	√	D8016	日(0～31)	√	√	√	√
D8012	最大扫描时间	√	√	√	√	D8017	月(0～12)	√	√	√	√
D8013	s(0～59)	√	√	√	√	D8018	年(0～99)	√	√	√	√
D8014	min(0～59)	√	√	√	√	D8019	星期(0～6)	√	√	√	√

5. 标志（M8020～M8029）

继电器	内容	适用机型				继电器	内容	适用机型			
		FX1S	FX1N	FX2N	FX2NC			FX1S	FX1N	FX2N	FX2NC
M8020	零标记	√	√	√	√	M8027	PR 模式	×	×	√	√
M8021	借位标记	√	√	√	√	M8028 (FX1s)	100ms/10ms 定时器切换	√	×	×	×
M8022	进位标记	√	√	√	√						
M8023						M8028 (FX2N) (FX2NC)	在执行 FROM/TO 指令中中断允许	×	×	√	√
M8024	BMOV 方向指令	√	√	√	√						
M8025	SHC 模式	√	√	√	√						
M8026	BAMP	√	√	√	√	M8029	完成标记	√	√	√	√

6. 标志（D8020～D8029）

寄存器	内容	适用机型				寄存器	内容	适用机型			
		FX1S	FX1N	FX2N	FX2NC			FX1S	FX1N	FX2N	FX2NC
D8020	X0～X7 的输入滤波数值	√	√	√	√	D8025					
D8021						D8026					
D8022						D8027					
D8023						D8028	Z0（Z）寄存器的内容	√	√	√	√
D8024						D8029	V0（V）寄存器的内容	√	√	√	√

注：Z1～Z7、V1～V7 的内容保存于 D8182～D8195 中。

7. PLC 方式（M8030～M8039）

继电器	内容	适用机型				继电器	内容	适用机型			
		FX1S	FX1N	FX2N	FX2NC			FX1S	FX1N	FX2N	FX2NC
M8030	电池欠压 LED 灯灭	×	×	√	√	M8035	强制 RUN 方式	√	√	√	√
M8031	全清非保持储存器	√	√	√	√	M8036	强制 RUN 信号	√	√	√	√
M8032	全清保持储存器	√	√	√	√	M8037	强制 STOP 信号	√	√	√	√

8. PLC 方式（D8030～D8039）

寄存器	内容	适用机型				寄存器	内容	适用机型			
		FX1S	FX1N	FX2N	FX2NC			FX1S	FX1N	FX2N	FX2NC
D8030						D8035					
D8031						D8036					
D8032						D8037					
D8033						D8038					
D8034						D8039	恒定扫描时间（ms）	√	√	√	√

9. PLC 方式（M8040～M8049）

继电器	内容	适用机型				继电器	内容	适用机型			
		FX1S	FX1N	FX2N	FX2NC			FX1S	FX1N	FX2N	FX2NC
M8040	置 ON 时禁止状态转移	√	√	√	√	M8045	模式切换时所有输出复位禁止	√	√	√	√
M8041	状态转移开始	√	√	√	√	M8046	STL 状态置 ON	√	√	√	√
M8042	启动脉冲	√	√	√	√	M8047	STL 状态监控有效	√	√	√	√
M8043	回原点完成	√	√	√	√	M8048	信号报警器动作	×	×	√	√
M8044	检出机械原点时动作	√	√	√	√	M8049	信号报警器有效	×	×	√	√

10. 出错检查（M8019、M8060～M8069）

继电器	内容	prog－E	PLC	适用机型			
		LED	状态	FX1S	FX1N	FX2N	FX2NC
M8019	输出刷新错误	OFF	RUN	×	×	√	√
M8060	I/O 构成错误	OFF	RUN	×	×	√	√
M8061	PLC 硬件错误	闪烁	STOP	√	√	√	√
M8062	PLC/PP 通信错误	OFF	RUN	√	√	√	√
M8063	并联连接出错	OFF	RUN	√	√	√	√
M8064	参数错误	闪烁	STOP	√	√	√	√
M8065	语法错误	闪烁	STOP	√	√	√	√
M8066	回路错误	闪烁	STOP	√	√	√	√
M8067	运算错误	OFF	RUN	√	√	√	√
M8068	运算错误锁存	OFF	RUN	√	√	√	√
M8069	I/O 总线检测			×	×	√	√

11. 出错检查（D8060～D8069）

寄存器	内容	适用机型			
		FX1S	FX1N	FX2N	FX2NC
D8060	I/O 构成错误的未安装 I/O 的起始地址号	×	×	√	√
D8061	PLC 硬件错误的错误代码序号	√	√	√	√
D8062	PLC/PP 通信错误的错误代码序号	×	×	√	√
D8063	并联连接通信错误的错误代码序号	√	√	√	√
D8064	参数错误的错误代码序号	√	√	√	√
D8065	语法错误的错误代码序号	√	√	√	√
D8066	回路错误的错误代码序号	√	√	√	√
D8067	运算错误的错误代码序号	√	√	√	√
D8068	锁存发生的运算错误的步序号	√	√	√	√
D8069	M8065～M8067 错误发生的步序号	√	√	√	√

附录三 必考题和抽考题

模块一 软件的认识与操作

【实践必考项目】

一、GX Developer 编程软件安装

1. 考核任务

将三菱 GX Developer 编程软件,安装在计算机上。

2. 考核要求

① 软件环境的安装;

② 编程软件的安装。

二、GX Developer 编程软件程序的输入和编辑

1. 考核任务

请在安装完 GX Developer 编程软件的计算机上输入以下程序。

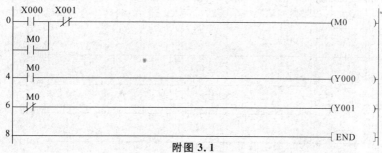

附图 3.1

2. 考核要求

① 将程序正确输入；

② 正确编译及保存程序。

三、GX Developer 编程软件程序的下载

1. 考核任务

附图 3.2

请将上面所给的程序下载到 PLC 中。

2. 考核要求

① 程序的正常下载；

② 程序的非正常下载。

四、GX Simulator6 - C 仿真软件的安装

1. 考核任务

将三菱 GX Simulator6 - C 仿真软件安装在计算机上。

2. 考核要求

三菱 GX Simulator6 - C 仿真软件正确安装。

五、GX Simulator6 - C 仿真软件的基本操作

1. 考核任务

请将下面所给的程序在计算机上仿真。

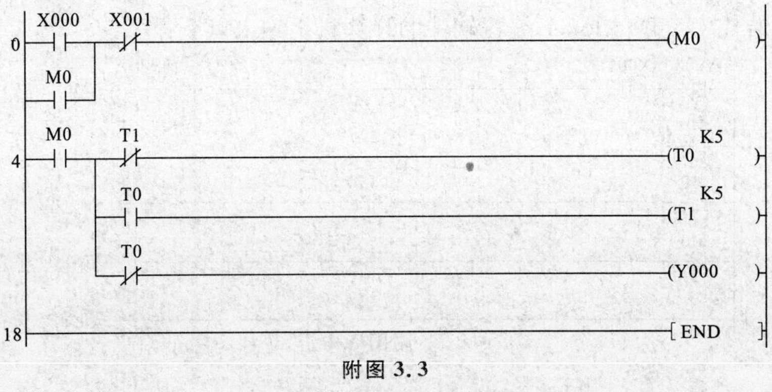

附图 3.3

2. 考核要求

① 使用 GX Simulator6‐C 仿真软件仿真；

② 记录上述程序的时序图。

【实践抽考项目】

一、GX Developer 编程软件工程文件的管理

1. 考核任务

将附图 3.3 所示的程序更改为附图 3.5 所示的程序。

附图 3.4

2. 考核要求

① 在已有的程序中打开附图 3.4，并编辑成为附图 3.4 所示的程序；

② 编辑完成后将附图 3.4 所示的程序与附图 3.3 所示的程序保存在同一文件夹下（附图 3.3 所示的程序不要删除，文件名不同）。

二、GX Developer 编程软件的操作界面

1. 考核任务

在三菱 GX Developer 环境下，具体应用"⌗"、"⌗"、"⌗"、"⌗"快捷图标。

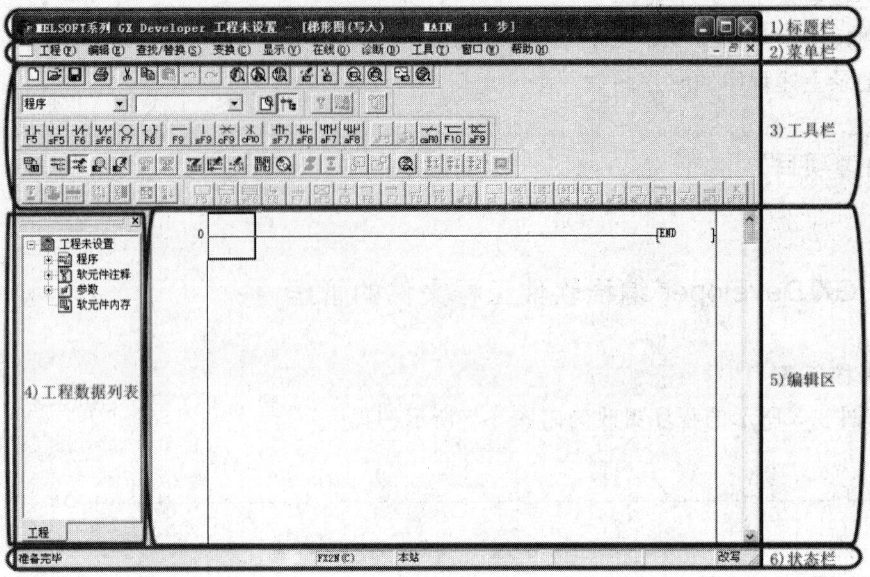

附图 3.5

2. 考核要求

① 熟练运用掌握工具栏的各个快捷图标;

② 熟知菜单栏下的各个子菜单的应用;

③ 使用 GX Simulator6 - C 仿真软件的仿真。

三、GX Simulator6 - C 仿真软件的仿真

1. 考核任务

请自行设计正反转双重连锁电路,并使用仿真软件验证功能。

2. 考核要求

① 设计电路;

② 仿真软件的使用操作。

模块二 PLC 基本指令系统与编程

【实践必考项目】

一、用基本指令实现异步电动机正反转控制(双重连锁)

1. 考核任务

三相异步电动机控制电路在工业控制系统中使用很广泛。请将以下电动机继电器控制电路改造成对应的 PLC 控制电路。在实训台上完成接线、编程、输入程序以达到仿真电机正反转(双重连锁)控制的目的。

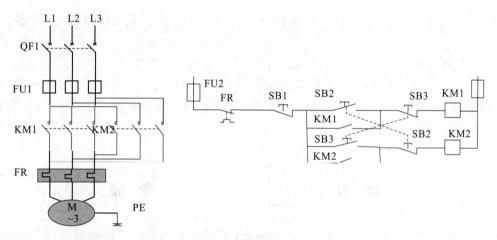

附图 3.6

2. 考核要求

① 根据任务要求画出 PLC 的 I/O 口分配表;

② 根据任务要求设计 PLC 外部接线图;

③ 根据任务要求改造继电器控制电路;

④ 指出采用继电器按钮连锁保护(双重连锁)的优点;

⑤ 完成该系统接线和调试。

二、用基本指令实现异步电动机工作台自动往返控制

1. 考核任务

某工作台,按下启动后,A 工作向右移动,撞至右换向时,A 向左移动,撞至左换向时,A 向右移动,如此循环。按下停止按钮 A 停止。左右均有限位保护,碰撞至限位时需要立即

停止。

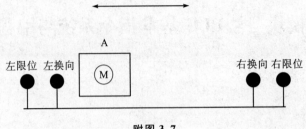

附图 3.7

2. 考核要求

① 根据任务要求设计 PLC 的 I/O 口分配表；

② 根据任务要求设计 PLC 外部接线图；

③ 根据自行设计的接线图接线；

④ 根据任务要求设计程序；

⑤ 完成该系统调试。

三、用基本指令实现异步电动机工作台自动往返控制(加入定时器)

1. 考核任务

某工作台,按下启动后,A 工作向右移动,撞至右换向时,等待 10 s 向左移动,撞至左换向时,等待 10 s 向右移动,如此循环。按下"停止"按钮 A 停止。左右均有限位保护,碰撞至限位时需要立即停止。

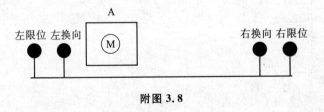

附图 3.8

2. 考核要求

① 根据任务要求设计 PLC 的 I/O 口分配表；

② 根据任务要求设计 PLC 外部接线图；

③ 根据自行设计的接线图接线；

④ 根据任务要求设计程序；

⑤ 完成该系统调试。

四、三相异步电动机的星三角换接启动控制

1. 考核任务

请将下面星三角电路图改造成 PLC 控制。

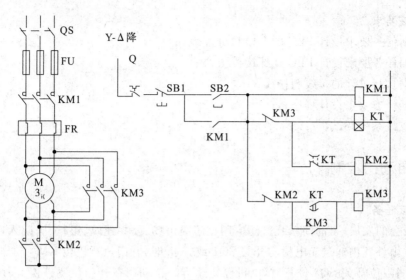

附图 3.9

2. 考核要求

① 根据任务要求设计 PLC 外部接线图；
② 根据设计好的 PLC 外部接线图接线；
③ 根据任务要求改造电路；
④ 说明星三角启动的过程；
⑤ 完成该系统接线和调试。

五、四节传送带的模拟控制

1. 考核任务

一个使用四条皮带运输机的传送系统,分别用四台电动机带动,控制要求如下：

启动时先启动最末一条皮带机,经过 5 秒延时,再依次启动其他皮带机。停止时应先停止最前一条皮带机,待料运送完毕后再依次停止其他皮带机。

当某条皮带机发生故障时,该皮带机及其前面的皮带机立即停止,而该皮带机以后的皮带机待运完后才停止。如 M2 故障,M1、M2 立即停,经过 5 秒延时后 M3,再过 5 秒 M4 停。

当某条皮带机上有重物时,该皮带机前面的皮带机停止,该皮带机运行 5 秒后停,而该皮带机以后的皮带机待料运完后才停止。例如,M3 上有重物,M1、M2 立即停,再过 5 秒 M4 停。

在四节传送带的模拟实训区完成本实训。

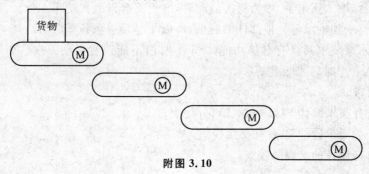

附图 3.10

2. 考核要求

① 根据任务要求设计 PLC 的 I/O 口分配表;

② 根据任务要求设计 PLC 外部接线图;

③ 根据自行设计的接线图接线;

④ 根据任务要求设计程序;

⑤ 完成该系统调试。

六、自动门控制

1. 考核任务

随着社会的发展,自动门系统广泛应用在超级市场、公共建筑、银行、医院入口。当有人由内到外或由外到内通过光电检测开关 SQ1 或 SQ2 时,开门执行机构 KM1 动作,电动机正转,到达开门限位开关 SQ3 位置时,电机停止运行。自动门在开门位置停留 8 秒后,自动进入关门过程,关门执行机构 KM2 被启动,电动机反转,当门移动到关门限位开关 SQ4 位置时,电机停止运行。在关门过程中,当有人员由外到内或由内到外通过光电检测开关 SQ2 或 SQ1 时,应立即停止关门,并自动进入开门程序。在门打开后的 8 秒等待时间内,若有人员由外至内或由内至外通过光电检测开关 SQ1 或 SQ2 时,必须重新开始等待 8 秒后,再自动进入关门过程,以保证人员安全通过。

2. 考核要求

① 根据任务要求设计 PLC 的 I/O 口分配表;

② 根据任务要求设计 PLC 外部接线图;

③ 根据自行设计的接线图接线;

④ 根据任务要求设计程序;

⑤ 完成该系统接线和调试。

【实践抽考项目】

一、空调水泵启动保护控制

1. 考核任务

空调水泵启动频繁主要有两大危害:首先,对电机的危害大。启动次数过于频繁,会降低电机使用寿命,增加用电量,因为每次启动时,电机都会以最大功率工作。其次,对机械部分的危害大。会增加轴承等易损部件的磨损,所以要尽量避免频繁启动。

一台空调水泵要求其具有自保功能,0.5 小时内不能连续启动三次。如果满三次则系统停止,等待 0.5 小时后才能重新启动。

2. 考核要求

① 根据任务要求设计 PLC 的 I/O 口分配表;

② 根据任务要求设计 PLC 外部接线图;

③ 根据自行设计的接线图接线;

④ 根据任务要求设计程序；
⑤ 完成该系统接线和调试。

二、水塔水位控制

1. 考核任务

当水池水位低于水池低水位界（S4 为 ON 表示），阀 Y 打开进水（Y 为 ON），定时器开始定时，4 秒后，如果 S4 还不为 OFF，那么阀 Y 指示灯闪烁，表示阀 Y 没有进水，出现故障，S3 为 ON 后，阀 Y 关闭（Y 为 OFF）。当 S4 为 OFF，且水塔水位低于水塔低水位界时，S2 为 ON，电机 M 运转抽水，当水塔水位高于水塔高水位界时电机 M 停止。

在水塔水位控制区完成本实训。

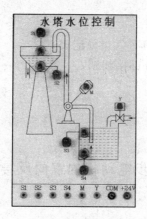

附图 3.11

2. 考核要求

① 根据任务要求设计 PLC 的 I/O 口分配表；
② 根据任务要求设计 PLC 外部接线图；
③ 根据自行设计的接线图接线；
④ 根据任务要求设计程序；
⑤ 完成该系统接线和调试。

三、交通灯控制

1. 考核任务

信号灯受一个启动开关控制，当启动开关接通时，信号灯系统开始工作，先南北红灯亮，东西绿灯亮。当启动开关断开时，所有信号灯都熄灭。

南北红灯亮维持 25 秒，在南北红灯亮的同时东西绿灯也亮，并维持 20 秒。到 20 秒时东西绿灯闪亮，闪亮 3 秒后熄灭。在东西绿灯熄灭时，东西黄灯亮并维持 2 秒。到 2 秒时，东西黄灯熄灭、东西红灯亮，同时南北红灯熄灭、绿灯亮。

东西红灯亮维持 30 秒。南北绿灯亮，维持 25 秒，然后闪烁 3 秒，3 秒后南北绿灯熄灭、南北黄灯亮，维持 2 秒，这时南北红灯亮、东西绿灯亮。回复到之前的状态并周而复始。

在十字路口交通灯模拟控制实训区完成本实训。

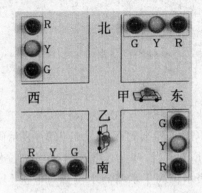

附图 3.12

2. 考核要求

① 根据任务要求设计 PLC 的 I/O 口分配表；

② 根据任务要求设计 PLC 外部接线图；

③ 根据自行设计的接线图接线；

④ 根据任务要求设计程序；

⑤ 完成该系统接线和调试。

四、用基本指令实现异步电动机的双向反接制动控制

1. 考核任务

反接制动的实质是改变异步电动机定子绕组中的三相电源相序，产生与转子转动方向相反的转矩，迫使电动机迅速停转。其控制线路有单向反接制动控制线路和可逆运行反接制动控制线路。交流电机制动采用改变相序的方法产生反向转矩，原理类似。反接制动制动力强、制动迅速、控制电路简单、设备投资少，但制动准确性差、制动过程中冲击力强烈、易损坏传动部件。现要求设计双向反接制动电路。

2. 考核要求

① 根据任务要求画出 PLC 的 I/O 口分配表；

② 根据任务要求设计 PLC 外部接线图；

③ 根据任务要求画出主电路；

④ 系统调试；

⑤ 在已有的电路中加入过载保护。

五、用基本指令实现双速异步电动机的控制

1. 考核任务

某双速电动机，现要求使用 PLC 控制，使其低速启动，自动转入高速。停止时转至低速，2 s 后停止。

2. 考核要求

① 根据任务要求画出 PLC 的 I/O 口分配表；

② 根据任务要求设计 PLC 外部接线图；

③ 根据任务要求画出主电路；

④ 系统调试；

⑤ 按已有的功能进行拓展。

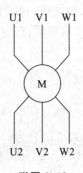

附图 3.13

【理论必考项目】

一、可编程序控制器的特点

1. 单选题

(1) 以下对于可编程控制器特点说法错误的有(　　)。

A. 可靠性高,抗干扰能力强　　　　　　B. 体积小,能耗低

C. 维修工作量小,维修方便　　　　　　D. 编程方法略微复杂

(2) 在不使用外部电源的前提下可编程控制器可以直接控制(　　)。

A. 交流继电器　　B. 数码管　　　　C. 24 V 继电器　　D. 电动机

(3) PLC 产品还不具备(　　)。

A. 智能化　　　　B. 标准化　　　　C. 系列化　　　　D. 模块化

(4) 使用可编程控制器可能造成的影响有(　　)。

A. 增加了设计难度

B. 只需要少量中间继电器、时间继电器,就可以完成很大的设计

C. 出现故障排除线路十分复杂

D. 大型电路中安装接线工时变短

(5) PLC 控制系统有哪些特点(　　)。

A. 可靠性高、应用灵活、编程简单、绘图费时

B. 可靠性高、应用灵活、编程简单

C. 应用灵活、编程简单、绘图费时

D. 可靠性高、编程简单、绘图费时

2. 判断题

(1) PLC 控制系统的控制作用是通过软件编程实现的,PLC 控制系统可以通过软件编程改变其控制作用,继电器控制线路就很难做到。(　　)

(2) PLC 控制系统与微机控制比较，编程简单，组成控制系统快捷、灵活、可靠性高。
（　　）

(3) PLC 用软件功能取代了继电器控制系统中大量的中间继电器、时间继电器、计数器等器件。（　　）

(4) PLC 产品已经标准化、系列化、模块化、智能化。（　　）

(5) STF 流程图是使用最多的 PLC 编程语言。（　　）

二、可编程控制器的组成

1. 单选题

(1) 可编程控制器按硬件的结构形式可以分为（　　）。

A. 分散式、结合式　　　B. 分散式　　　C. 整体式、组合式　　　D. 结合式

(2) 可编程序控制器控制系统是由输入部分、（　　）和输出部分组成。

A. 逻辑部分　　　　　B. 执行部分　　　C. 控制部分　　　　D. 显示部分

(3) 可编程控制器由 CPU、存储器、输入输出口及（　　）组成。

A. 电源、编程器、保护系统

B. 电源、保护系统、I/O 拓展接口

C. 保护系统、I/O 拓展接口、编程器

D. 电源、编程器、I/O 拓展接口

(4) 对于可编程控制器可能出现的情况有（　　）。

A. CPU 损坏导致无法处理

B. 有一个输出口无法使用，导致整个 PLC 报废

C. CPU 损坏无法编写程序

(5) 当控制一个简单系统的编程控制器（　　）坏了，会导致无法使用，必须立即更换。

A. 存储器　　　　　　　　　　B. I/O 拓展接口

C. 输入单个点位　　　　　　　D. 输出单个点位

2. 判断题

(1) PLC 控制系统和继电器控制系统类似，也是由输入、逻辑和输出三部分组成。
（　　）

(2) PLC 的系统程序永久保存在 PLC 中，用户不能改变。（　　）

(3) 光电耦合电路的核心是光电耦合器，由发光二极管和光敏三极管构成。（　　）

(4) 根据程序的作用不同，PLC 的存储器分为系统程序和监控程序存储器两种。
（　　）

(5) 可编程控制器是在硬件和软件的支持下，通过执行用户程序来完成控制任务。
（　　）

三、FX 系列软元件及地址分配

1. 单选题

(1) 在三菱 FX 系列可编程控制器中 X 代表(   )。

A. 未知数　　　　 B. 输入点　　　　 C. 输出点　　　　 D. 随机数

(2) OUT 指令是 I 驱动线圈指令,但它不能驱动(   )。

A. 输入继电器　　 B. 输出继电器　　 C. 暂存继电器　　 D. 内部继电器

(3) 当电源调电时,计数器(   )。

A. 复位　　　　　　　　　　　　 B. 不复位

C. 计数器前值保持不变　　　　　 D. 开始计数

(4) 在梯形图编程中,常开触点与母线连接指令的助记符应为(   )。

A. LDI　　　　　 B. LD　　　　　 C. OR　　　　　 D. ORI

(5) 对定时器、计数器使用 OUT 指令之后,必须设置常数(   )。

A. G　　　　　　 B. P　　　　　 C. M　　　　　 D. K

2. 判断题

(1) 梯形图从上到下、从右到左,每个元器件和触点都应按规定标注元件号和触点号,元件号和触点号必须在有效观定范围内。(   )。

(2) 并联一个常开触点时采用 OR 指令;并联一个常闭触点时采用 OR 指令。(   )

(3) OR 指令只用在梯形图中的单个触点与左边的触点的并联,紧接在 SET 指令之后。(   )

(4) 在梯形图中,表明在某一步不做任何操作的指令是 NOP。(   )

(5) PLC 机中的梯形图与继电接触器控制线路不能等同,它们形似而质不同。(   )

四、PLC 有哪些编程语言

1. 单选题

(1) 简易编程一般只能用(   )编程,通过按键输入指令,通过显示器加以显示。

A. 指令形式　　　 B. 梯形图形式　　 C. 流程形式　　　 D. 数字形式

(2) 编程器的工作方式有(   )和数控工作方式两种。

A. 演示　　　　　 B. 编程　　　　　 C. 调试　　　　　 D. 整理

(3) 在 PLC 中,可以通过编程器修改或增删的是(   )。

A. 系统程序　　　 B. 用户程序　　　 C. 工作程序　　　 D. 任何程序

(4) 通常 PLC 的简易编程器显示格式是(   )。

A. 助记符、程序地址、I/O 状态　　　 B. I/O 状态、程序地址

C. 程序地址、助记符　　　　　　　　 D. I/O 状态、助记符、程序地址

(5) PLC 在模拟运行调试中可用编程器进行(   ),若发现问题,可立即修改程序。

A. 输入　　　　　 B. 输出　　　　　 C. 编程　　　　　 D. 监控

2. 判断题

(1) 简易编程器一般只能用指令形式编程,而不能用图形形式编程。(   )

(2) 简易编程器本身是不带电源的,其供电方式是通过电缆由 PLC 所提供。(　　)

(3) 将设计好的梯形图写入到 PLC 存储器中.一般应采用编程器来实现。(　　)

(4) 梯形图形式,通过按键输入指令,通过显示器加以显示。(　　)

(5) 梯形图语言是符号语言,不是图形语言。(　　)

五、指令的基本格式

1. 单选题

(1) FX 系列 PLC,串联电路最少有(　　)个触点串联。

A. 2　　　　　　　　　B. 3　　　　　　　　　C. 4　　　　　　　　　D. 5

(2) OUT　TO　K50 指令是(　　)步。

A. 1　　　　　　　　　B. 2　　　　　　　　　C. 3　　　　　　　　　D. 4

(3) OUT　C0 指令是(　　)步。

A. 1　　　　　　　　　B. 2　　　　　　　　　C. 3　　　　　　　　　D. 4

(4) 结束的指令是(　　)。

A. NOP　　　　　　　　B. END　　　　　　　　C. MC　　　　　　　　D. NCR

(5) PLC 内部 1000 ms 时钟脉冲(　　)。

A. M8011　　　　　　　B. M8012　　　　　　　C. M8013　　　　　　　D. M8014

2. 判断题

(1) PLC 输出对输入的响应最快是 0.25 ms/步。(　　)

(2) FX 系列 PLC,只有触点没有线圈的软元件是 Y。(　　)

(3) FX 系列 PLC,串联的触点数一般不超过 10。(　　)

(4) FX 系列 PLC,按 I / O 点数分类其小型机基本单元点数不超过 1024 点。(　　)

(5) 动断点并联的指令是 OR。(　　)

六、梯形图设计规则

1. 单选题

(1) 梯形图的触点应画在(　　)上。

A. 水平线　　　　　　　　　　　　　B. 垂直线

C. 方便布置的位置　　　　　　　　　D. 随意只要逻辑正确都可以运行

(2) 以下符合标准有(　　)。

A. OUT 输出两次 Y0

B. SET 输出两次 Y0

C. 画电路时应从右向左依次画出

D. 对于大型电路使用基本指令可以更好地实现功能

(3) 对于回路串并连的处理以下正确的有(　　)。

A. 有几个串联回路并联时,应将触点最多的串联回路放在梯形图最上面

B. 有几个并联回路串联时,应将触点最多的并联回路放在梯形图的最右边

C. 有几个串联回路并联时,应将触点最少的串联回路放在梯形图最上面

D. 有几个并联回路串联时,应将触点最少的并联回路放在梯形图的最左边

(4) 以下说法错误的有(　　　)。

A. 画梯形图时应按照从上到下的顺序作图

B. 设计梯形图时一般不允许双线圈输出

C. 不可以将触点画在线圈的右边

D. 画梯形图时不需按照从左到右的顺序作图

2. 判断题

(1) 梯形图的触点应画在水平线上,不能画在垂直分支上。(　　　)

(2) 几个并联回路串联时,应将触点最多的并联回路放在梯形图的最右边。(　　　)

(3) 几个并联回路串联时,应将触点最多的并联回路放在梯形图的最左边。(　　　)

(4) 不能将触点画在线圈右边,只能在触点的右边接线圈。(　　　)

(5) 比较复杂的电路,可以先画出等效电路,然后再进行编程。(　　　)

【理论抽考项目】

一、可编程序控制器定义

1. 单选题

(1) 近年来 PLC 技术正向着(　　　)、仪表控制、计算机控制一体化方向发展。

A. 机械控制　　　　B. 电气控制　　　　C. 液压控制　　　　D. 人工控制

(2) 可编程控制器是一种数字运算的电子系统,专为(　　　)下应用而设计。

A. 工业环境　　　　B. 电子系统　　　　C. 商业企业　　　　D. 娱乐项目

(3) 可编序控制器及其有关设备,都应按易于与工业控制系统联成一个(　　　)的原则设计。

A. 整体、易于扩充　　　　　　　　B. 多功能、使用方便

C. 安全、专人操作　　　　　　　　D. 使用有趣

(4) 可编程序的存储器,用来在内部存储执行逻辑运算(　　　)等操作的指令并通过数字式、模拟式的输入和输出。

A. 顺序控制、计数和算术运算　　　　B. 顺序控制、定时、计数和算术运算

C. 顺序控制、定时和算术运算　　　　D. 定时、计数和算术运算

(5) PLC 通过编程器编制控制程序,可以将 PLC 内部的各种逻辑部件按照(　　　)进行组合以达到一定的控制功能。

A. 设备要求　　　　B. 控制工艺　　　　C. 元件材料　　　　D. 编程器型号

2. 判断题

(1) 可编程控制器只具有数字量或模拟量输入输出控制的能力。(　　　)

(2) 可编程控制器是专门为在工业环境下使用而设计的工业控制计算机。(　　　)

(3) 可编程控制器可靠性高,抗干扰能力强。(　　　)

(4) 可编程控制器易学易用,深受工程技术人员欢迎。(　　　)

(5) 可编程控制器系统的设计、安装、调试工作量稍大,维护方便,容易改造。( )

二、可编程控制器直接设计法

1. 单选题

(1) 扫描周期主要受( )影响。

A. 用户程序的长短、程序的复杂度

B. 扫描速度、用户程序的长短

C. 用户的执行方式、扫描速度

D. 程序的复杂度、用户的执行方式

(2) 在梯形图中( )触点和并联触点的个数没有限制。

A. 串联   B. 并联   C. 触点   D.线圈

(3) 一般中型 PLC 大多数采用( )。

A. 8 位微处理器或单片机   B. 16 位微处理器或单片机

C. 32 位微处理器或单片机   D. 高速位片机

(4) FX2N 系列可编程控制器的程序容量为( )步。

A. 500   B. 1000   C. 2000   D. 8000

2. 判断题

(1) 编程时一般应用 IL(连锁)与 ILC(连锁清除)指令或者是暂存继电器 TR 来实现梯形图的分支结构。( )

(2) 模拟量输出单元提供三种输出功能:输出限幅、输出极限报警和脉冲输出,这些功能必须用编程器来设置,在用户程序中不能改变这些数据。( )

(3) 模拟量输入单元可将现场设备(如传感器等)输出的多种模拟量信号转换成 PLC 可读的数字量形式。( )

(4) 对于双重连锁正反转短路改造,在 PLC 编程中不需要加入接触器互锁。( )

(5) PLC 控制系统的控制作用是通过软件编程实现的,PLC 控制系统可以通过软件编程改变其控制作用,继电器控制线路就很难做到。( )

三、可编程控制器逻辑设计法

1. 单选题

(1) 将二进制数 11001.01 转换为十进制数是( )。

A. 20.25   B. 25.25   C. 25.20   D. 25.10

(2) 将二进制数 000100000011.0010 转换为十进制数是( )。

A. 252.125   B. 225.125   C. 259.125   D. 255.125

(3) 最简与或式的标准是( )。

A. 表达式中乘积项最多,且每个乘积项的变量个数最多

B. 表达式中乘积项最少,且每个乘积项的变量个数最多

C. 表达式中乘积项最少,且每个乘积项的变量个数最少

D. 表达式中乘积项最多,且每个乘积项的变量个数最少

(4) 逻辑函数 F＝AC＋BC＋AB＋CD(E＋P)的最简与或式为( )。

A. F＝AB＋C   B. F＝AC＋BC＋CD(E＋P)

C. F＝AC＋BC＋AB   D. F＝C

2. 判断题

(1) 非二进制译码器 74LS42,当输入 A3A2A1A0＝0000,输出 Y9 ～Y0 :1111111110。

( )

(2) 逻辑变量的取值,1 比 0 大。( )

(3) 异或函数与同或函数在逻辑上互为反函数。( )

(4) 若两个函数具有相同的真值表,则两个逻辑函数必然相等。( )

(5) 因为逻辑表达式 A＋B＋AB＝A＋B 成立,所以 AB＝0 成立。( )

四、PLC 的硬件系统结构图

1. 单选题

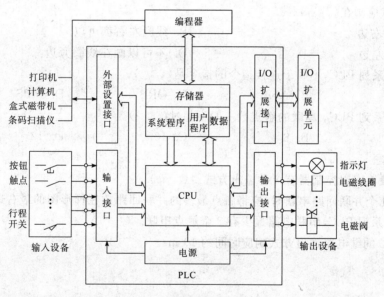

附图 3.14

(1) 根据附图 3.14 所示,下列说法正确的有( )。

A. CPU 的作用是用来处理数据,并暂时存储处理好的数据

B. 编程使用的 X 是通过外部设备给的

C. 通过 I/O 拓展接口可以加入数模转换设备

D. 电源供电包括外部设备

(2) 上述三菱系列变频器"STOP"键表示( )。

A. 帮助键   B. 停止键   C. 写入键   D. 读出键

(3) 目前一般可编程控制器中继电器输出点最大电感性负载为( )。

A. 2A/1 点   B. 100W   C. 80VA   D. 100VA

(4) FX 系列可编程控制器与 F940GOT 通过 CPU 连接时,其最大延长距离为( )。

A. 10 米   B. 20 米   C. 30 米   D. 50 米

(5) FX2N 系列可编程控制器程序处理速度是( )ms/步。

A. 3.6　　　　　　B. 1.6　　　　　　C. 0.8　　　　　　D. 0.08

2. 判断题

(1) PLC 的核心是 CPU。( )

(2) 没有 I/O 拓展口 PLC 无法运行。( )

(3) 对于 FX2N 系列 PLC 来说使用编程器和用软件编程是一个概念。( )

(4) I/O 接口是保证控制信号输入输出的重要元件。( )

(5) 当 PLC 损坏时如无明显现象可继续使用此 PLC。( )

五、PLC 的编程规则

1. 单选题

(1) FX 系列 PLC,STL 只对( )继电器有效。

A. T　　　　　　　B. S　　　　　　　C. M　　　　　　　D. C

(2) 触点应画在( )。

A. 线圈右边　　　　　　　　　B. 线圈左右都可以

C. 线圈左边　　　　　　　　　D. 不可以画在线圈旁边

(3) FX 系列 PLC,不属于连接指令的指令是( )。

A. SET　　　　　　B. ANB　　　　　　C. ORB　　　　　　D. MPS

(4) FX 系列 PLC,串联的触点数一般不超过( )。

A. 5　　　　　　　B. 8　　　　　　　C. 10　　　　　　　D. 12

2. 判断题

(1) 一般可编程控制器有 3 种输出方式。( )

(2) 有几个并联回路串联时,应将触点最多的并联回路放在梯形图的最右边。( )

(3) FX 系列 PLC,串联电路最少有 2 个触点串联。( )

(4) PLC 的继电器输出方式响应时间约 10 ms。( )

模块三 PLC 步进指令与编程

【实践必考项目】

一、单序列步进指令应用

1. 考核任务

某工业控制系统中设备运行过程如下：

① 小车的初始位置在 SQ1 处，按下启动按钮；

② 小车正向运行至 SQ2，停止 3 秒；

③ 继续正向运行至 SQ3 处，停止 5 秒；

④ 反转运行至 SQ1 处停止。

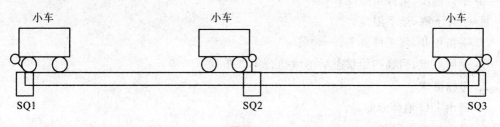

附图 3.15

2. 考核要求

① 列出 I/O 地址分配表；

② 画出步控流程图；

③ 画出 PLC 的外部接线图；

④ 在 THPLC-C 实训台上连接导线；

⑤ 调试程序。

二、循环步进指令应用

1. 考核任务

某工业控制系统中三相异步电机运行过程如下：

① 电机旋转一周用时 8 秒；

② 第一次按下按钮 SB1 电机旋转 1/4 圈；

③ 第二次按下按钮 SB1 电机旋转 1/2 圈；

④ 第三次按下按钮 SB1 电机旋转 1/4 圈。

2. 考核要求

① 列出 I/O 地址分配表；

② 画出步控流程图；

③ 画出 PLC 的外部接线图；

④ 在 THPLC-C 实训台上连接导线；

⑤ 调试程序。

三、用步进指令实现机械手动作模拟

1. 考核任务

某工业控制系统中机械手部分运行过程如下：

① 机械手在初始位置时，系统才能够启动，机械手在上限位置和左限位置，并有原位指示；

② 按下启动按钮；

③ 手臂下降，至下限位，将工件夹紧；

④ 手臂上升，至上限位；

⑤ 手臂伸出，至伸出限位；

⑥ 手臂下降，至下限位；

⑦ 手指松开，将工件放下；

⑧ 返回原点，回到初始状态后继续执行第 3 步到第 8 步。

2. 考核要求

① 列出 I/O 地址分配表；

② 画出步控流程图；

③ 画出 PLC 的外部接线图；

④ 在 THPLC-C 实训台上连接导线；

⑤ 调试程序。

【实践抽考项目】

一、选择步进指令应用

1. 考核任务

某自动洗车器要求设备运行过程如下：

工作流程：泡沫清洗 5 秒→清水清洗 10 秒→风干 8 秒→等待清洗。

① 功能转换开关 SA1 为"0"时，系统处于手动控制；

② 功能转换开关 SA1 为"1"时，系统处于自动控制；

③ 手动时，按一次启动按钮执行一步；

④ 自动时，按下启动按钮，自动按照上述工作流程运行。

2. 考核要求

① 列出 I/O 地址分配表；

② 画出步控流程图；

③ 画出 PLC 的外部接线图；

④ 在 THPLC-C 实训台上连接导线；

⑤ 调试程序。

二、用步进指令实现五相步进电动机控制的模拟

1. 考核任务

要求对五相步进电动机五个绕组依次自动实现以下方式的循环通电控制：

第一步：A～B～C～D～E；

第二步：A～AB～BC～CD～DE～EA；

第三步：AB～ABC～BC～BCD～CD～CDE～DE～DEA；

第四步：EAB～ABC～BCD～CDE～DEA。

2. 考核要求

① 列出 I/O 地址分配表；

② 画出步控流程图；

③ 画出 PLC 的外部接线图；

④ 在 THPLC-C 实训台上连接导线；

⑤ 调试程序。

三、用步进指令实现天塔之光编程

1. 考核任务

按照以下要求在 THPLC-C 实训台上完成天塔之光的任务：

① 按下启动按钮 SB1；

② L1 亮，0.5 秒后灭；

③ L2、L3、L4、L5 亮 0.5 秒后灭；

④ L6、L7、L8、L9 亮 0.5 秒后灭；

⑤ 循环执行以上步骤。

2. 考核要求

① 列出 I/O 地址分配表；

② 画出步控流程图；

③ 画出 PLC 的外部接线图；

④ 在 THPLC-C 实训台上连接导线；

⑤ 调试程序。

【理论必考项目】

一、FX2N 系列状态元件的使用

1. 单选题

(1) 在 FX2N 系列 PLC 步进指令中,(   )是表示初始状态的元件。

A. S0~S9   B. S10~S19   C. S20~S499   D. S500~S899

(2) 在 FX2N 系列 PLC 步进指令中,(   )是可以代替一般用状态元件的。

A. S0～S9   B. S500～S899   C. S10～S19

(3) S500~S899 的作用是(   )。

A. 回原点状态   B. 报警状态   C. 断电保持状态

(4) 在状态元件中,其触点可以使用(   )次。

A. 1 次   B. 500 次   C. 32767 次   D. 无限制

2. 判断题

(1) 步进指令中状态元件不能用 OUT 编写。(   )

(2) 一般用状态元件的点数为 500 个。(   )

(3) 不用步进顺控指令时,S 可作辅助继电器在程序中使用。(   )

(4) 一般用状态元件在使用时必须连续使用。(   )

二、STL 指令使用规则

1. 单选题

(1) 不能在 STL 指令中使用的是(   )。

A. PLS   B. ANB   C. MRP   D. MC

(2) STL 指令的作用是(   )。

A. 步进的开始   B. 步进的结束   C. 步的跳转

2. 判断题

(1) 在中断程序和子程序中,能使用 STL 指令。(   )

(2) 在 STL 指令中可以使用跳转指令。(   )

(3) OUT 指令与 SET 指令对 STL 指令后的状态具有同样的功能。(   )

(4) 在 STL 步内的左母线上可以直接连接一个常开触点。(   )

(5) 在连续的 STL 步内,不能使用同一个定时器。(   )

(6) 同一个 STL 步不能够多次使用。(   )

(7) 在 STL 步内不能使用多重线圈。(   )

(8) STL 指令最大的特点是实现顺序控制。(   )

(9) 步进 STL 指令必须与 RET 指令成对使用。(   )

(10) 状态继电器可以作为普通继电器使用。(   )

三、使用 STL 指令的编程方法

1. 单选题

(1) 步进程序的起始状态称为( )。

A. 初始化状态　　 B. 开始　　　　　 C. 复位　　　　　　 D. 回原点

(2) 下列不属于中间状态程序的作用是( )。

A. 驱动负载　　　 B. 指定转移条件　 C. 指定转移目标　 D. 中间转换

(3) 步进指令 STL 必须与( )成对使用。

A. OUT　　　　　 B. SET　　　　　　 C. RET　　　　　　 D. RST

(4) 对于复杂分支的处理,最合理的方法是( )。

A. 用定时器延时　　　　　　　　　　 B. 虚设一个空步等待

C. 用辅助继电器 M 进行中间转换

2. 判断题

(1) 选择性分支中,当分支条件全部满足时,与之相对应的步激活。( )

(2) 并行分支中,两条分支必须同时置位。( )

(3) 步进的初始状态必须由其他条件来驱动。( )

(4) 中间状态的程序中必须使用一般的状态元件。( )

(5) 每个状态的步内的子母线必须有一个该状态元件的常开触点。( )

(6) 常见的复杂控制流程有选择性分支与汇合和并行分支与汇合两种。( )

(7) 并行分支通俗的说就是两个或两个以上的步序同时接通。( )

(8) 并行分支在汇合时,只要其中一个条件满足就能够转移到下一步。( )

(9) 单流程的步进程序,在步进结束的步中必须将该步的状态复位。( )

(10) 并行分支的数目最多可以是 800 个。( )

(11) 当步进的转移条件满足时,程序跳过几个状态继续执行后面的程序。( )

四、掌握状态流程图

1. 单选题

(1) 下列不属于状态流程图的内容是( )。

A. 控制元件　　　 B. 状态驱动的负载 C. 转移条件　　　 D. RET 指令

(2) 流程图的起始步用( )表示。

A. 双线框　　　　 B. 单线框　　　　　 C. 圆　　　　　　　 D. 椭圆

(3) 下列不能够作为转移条件的是( )。

A. 辅助继电器 M　 B. 状态元件 S　　　 C. 定时器　　　　　 D. 计数器 C

2. 判断题

(1) 在状态流程图中必须具有初始状态步。( )

(2) 状态流程图是使用状态来描述控制任务或过程的流程图。( )

(3) 两个不同的步状态可以直接连接,不经过转移条件。( )

(4) 在状态流程图中 RET 可以不直接表示出来。( )

(5) 状态流程图中步的转移可以用 RST 指令完成。(　　)

【理论抽考项目】

一、STL 指令的优点

1. 判断题

(1) 当上一状态转移到下一状态的条件满足时,上一状态将被复位,下一状态被激活。(　　)

(2) 步进指令可以使用多重线圈。(　　)

(3) 步进指令与主控指令完全相同。(　　)

(4) 步进指令最大的特点就是将一个控制过程分解成若干个状态,使编程变得简单。(　　)

二、步进顺控程序编程的设计步骤

1. 单选题

下列不属于步进顺控程序的设计步骤的是(　　)。

A. 列出 I/O 分配表　 B. 找出转移条件　 C. 画出流程图　　 D. 接线

2. 判断题

(1) 确定 PLC 的 I/O 点就是为了以后查找故障方便。(　　)

(2) 画流程图是为了编程和调试时提供方便。(　　)

(3) 状态编程顺序应为:先进行驱动,再进行转移,不能颠倒。(　　)

模块四　PLC 的高级应用

【实践必考项目】

一、通过编程实现 PLC 两台主机之间相互通讯

1. 考核任务

两台主机之间相互通讯,其中一台为主站,另一台为从站。

0 号站的 X11~X17 分别对应 1 号站的 Y1~Y7(注:即按下 0 号站 X11,则 1 号站的 Y1 亮,依次类推)。

1 号站的 X1~X7 分别对应 0 号站的 Y11~Y17。

2. 考核要求

① 根据任务要求画出 PLC 的 I/O 口分配表；

② 根据任务要求设计 PLC 的外部接线图；

③ 完成该系统接线和调试。

二、液体混合装置控制的模拟

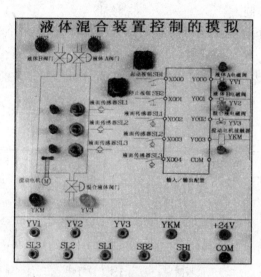

附图 3.16　液体混合装置控制的
模拟实训面板图

1. 考核任务

由附图 3.16 可知,该装置为两种液体混合控制的模拟,SL1、SL2、SL3 为液面传感器,液体 A、B 阀门与混合液阀门由电磁阀 YV1、YV2、YV3 控制,M 为搅匀电机,控制要求如下：

① 初始状态:装置投入运行时,液体 A、B 阀门关闭,混合液阀门打开 20 秒将容器放空后关闭。

② 启动操作:按下启动按钮 SB1,液体 A 阀门打开,液体 A 流入容器。当液面到达 SL2 时,SL2 接通,关闭液体 A 阀门,打开液体 B 阀门。液面到达 SL1 时,关闭液体 B 阀门,搅匀电机开始搅匀。搅匀电机正转搅动工作 3 秒,停止搅动 1 秒,再反转搅动 3 秒后停止搅动。混合液体阀门打开,开始放出混合液体。当液面下降到 SL3 时,SL3 由接通变为断开,再过 2 秒后,容器放空,混合液阀门关闭,开始下一周期。

③ 停止操作:按下停止按钮 SB2 后,在当前的混合液操作处理完毕后,才停止操作(停在初始状态上)。

2. 考核要求:

① 根据任务要求画出 PLC 的 I/O 口分配表；

② 根据任务要求设计 PLC 的外部接线图；

③ 完成该系统接线和调试。

【实践抽考项目】

一、四工位呼叫小车控制

1. 考核任务

4 个工位呼叫小车控制。

① PLC 通电后,按下启动按钮,小车初始位置在 SQ1 处,如果小车不在初始位置则回到初始位置。

② 小车在初始位置时,方能进行小车呼叫。

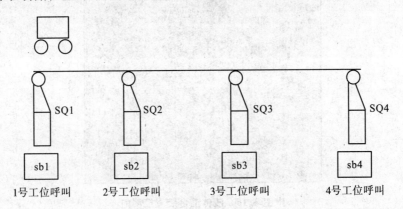

附图 3.17

③ 呼叫小车运行:按下 4 个工位中的某一个呼叫按钮(一次只许按下一个),1 秒钟后,小车开始从当前工位前进至呼叫工位,直至碰到该工位的限位后小车停止运行,如果小车呼叫工位就在小车停止工位,则小车不动,等待下次呼叫。

④ 停止:在任何情况下按下停止按钮,小车工作完成后才能停止。

⑤ 停止后再启动:按下启动按钮,小车回到初始位置,小车在初始位置时,则进行小车的正常呼叫运行。

2. 考核要求

① 根据任务要求画出 PLC 的 I/O 口分配表;

② 根据任务要求设计 PLC 的外部接线图;

③ 完成该系统接线和调试。

二、通过编程实现 PLC 多台主机之间相互通讯

1. 考核任务

多台主机之间相互通讯,其中一台为主站,其余为从站。

0 号站的 X1~X7,分别对应 1 号站的 Y1~Y7(注:即按下 0 号站 X1,则 1 号站的 Y1 亮,依次类推);

1 号站的 X1~X7,分别对应 2 号站的 Y1~Y7;

2 号站的 X1～X7,分别对应 3 号站的 Y1～Y7;

3 号站的 X1～X7,分别对应 4 号站的 Y1～Y7;

4 号站的 X1～X7,分别对应 0 号站的 Y1～Y7。

2. 考核要求

① 根据任务要求画出 PLC 的 I/O 口分配表;

② 根据任务要求设计 PLC 的外部接线图;

③ 完成该系统接线和调试。

【理论必考项目】

一、三菱可编程控制器的通讯类型

1. 单选题

N:N 网络通信,FX 系列的 PLC 可以同时最多( )台 PLC 联网。

A. 8　　　　　　B. 16　　　　　　C. 32　　　　　　D. 64

2. 判断题

(1) FX 系列 PLC 的通信支持 N:N、并行通行、计算机链接通信、无协议通信、可选编程口等通信。( )

(2) 在 PLC 网络系统,每个网络系统只有一个主站。( )

二、在无协议通讯(RS 指令)和计算机链接之间进行通讯设置

1. 单选题

(1) 无协议通信数据的点数最多允许发送( )点。

A. 2048　　　　　B. 4096　　　　　C. 8000　　　　　D. 32767

(2) 无协议通信数据的点数最多允许接收( )点。

A. 2048　　　　　B. 4096　　　　　C. 8000　　　　　D. 32767

(3) 无协议通信数据的发送和接收总数据量不能超过( )点。

A. 2048　　　　　B. 4096　　　　　C. 8000　　　　　D. 32767

(4) 使用 RS-485 接口时,通信距离一般不大于( )米。

A. 50　　　　　　B. 100　　　　　　C. 250　　　　　　D. 500

(5) 使用 RS-485BD 接口时,最大通信距离是( )米。

A. 50　　　　　　B. 100　　　　　　C. 150　　　　　　D. 200

2. 判断题

(1) 无协议通信的功能主要是执行与打印机、条形码阅读器、变频器或者其他品牌的 PLC 等第三方设备进行无协议通信。( )

(2) 无协议通信数据的点数允许最多发送 4096,最多接收 4096 点数,但发送和接收总数据量不能超过 8000 点。( )

(3) 采用无协议方式,连接支持串行设备,不可实现数据的交换通信。( )

(4) 无协议通信就是没有标准的通行协议,用户可以自己规定协议,并非没有协议,有的 PLC 称之为"自由口"通信协议。(　　)

三、三菱可编程控制器的通讯站号的设置

1. 单选题

(1) 设置 PLC 网络中站点号的辅助寄存器是(　　)。

A. D8176　　　　　B. D8177　　　　　C. D8178　　　　　D. D8179

(2) 从站设定值的范围是(　　)。

A. 1～7　　　　　B. 1～8　　　　　C. 1～15　　　　　D. 1～16

(3) 在 PLC 网络系统中,站号实际就是 PLC 在网络中的地址,主站号固定为(　　)。

A. 8　　　　　　B. 2　　　　　　C. 1　　　　　　D. 0

2. 判断题

M8038 主要用于设置 N:N 网络参数,只有主站响应,从站不可以响应。(　　)

四、N 网络的设置

1. 单选题

(1) 设置刷新范围 D8178,设置值为(　　)。

A. 0　　　　　　B. 1　　　　　　C. 2　　　　　　D. 0～2

(2) 设定通信超时(D8179),例如设定值为5,那么超时时间就是(　　)ms。

A. 5　　　　　　B. 50　　　　　　C. 500　　　　　D. 5000

(3) 在 PLC 网络系统中,站号实际就是 PLC 在网络中的地址,主站号的固定为(　　)。

A. 8　　　　　　B. 2　　　　　　C. 1　　　　　　D. 0

(4) 在 PLC 网络中,当刷新范围(D8178)设置为 2 时,则在网络中主站的位软元件分配点是(　　)。

A. M1000～M1063　B. M1064～M1127　C. M1128～M1191　D. M1192～M1255

2. 判断题

(1) 设置刷新范围(D8178),当设定为模式 2 时,位元件为 64 点,字元件为 8 点。(　　)

(2) M8038 主要用于设置 N:N 网络参数,主站和从站都可以响应。(　　)

(3) 在 PLC 网络中,当刷新范围(D8178)设置为 1 时,则在网络中主站的字软元件分配点是 D0～D7。(　　)

五、并行通信和串行通信

1. 单选题

(1) (　　)是将一个 8(或者 16 位、32 位)的每一个二进制位用单独的导线进行传输,并将传送方和接收方进行并行连接,一个数据的各二进制位可以在同一时间内,一次传送。

A. 串行通信　　　B. 并行通信　　　C. 同步通信　　　D. 异步通信

（2）（　　）就是通过一对导线,将放松方和接收方进行连接,传输数据的每个二进制位,按照规定顺序在同一导线上,一次发送与接收。

A. 串行通信　　　　B. 并行通信　　　　C. 同步通信　　　　D. 异步通信

2. 判断题

（1）并行通信的特点是一个周期里,可以一次传输多位数据,其连线的电缆多,因此长距离传送时,成本高。（　　）

（2）串行通信的特点是通信控制复杂,通信电缆少,因此与并行通信相比,成本低。（　　）

（3）并行通信可分为一般通信模式和高速通信模式,由 M8162 来设置。（　　）。

六、单工和双工通信

1. 单选题

在下列选项中,传送速率最快的是（　　）。

A. 单工　　　　B. 全双工　　　　C. 半双工

2. 判断题

半双工是指数据可以进行双向数据传送,同一时刻,既可以发送数据也可以接收数据。（　　）

七、同步和异步通信

1. 单选题

（1）（　　）方式又称起止方式。它在发送字符时,首先要发送起始位,然后是字符本身,最后是停止位。字符之后还可以加入奇偶校验位。

A. 串行通信　　　　B. 并行通信　　　　C. 同步通信　　　　D. 异步通信

（2）（　　）在传递数据的同时,也传输时钟同步信号,并始终按照给定的时刻采集数据。

A. 串行通信　　　　B. 并行通信　　　　C. 同步通信　　　　D. 异步通信

2. 判断题

（1）同步通信与异步通信,从用户的角度上说,两者最主要的区别在于通信方式的"帧"不同。（　　）

（2）异步通信具有硬件简单、成本低,主要用于传输速率高于 20 kbit/s 以上的数据通信。（　　）

（3）异步通信与同步通信也称为异步传送与同步传送,这是并行通信的两种基本信息传送方式。（　　）

八、RS232 通信接口引脚信号定义和连接

1. 单选题

（1）下列通信速率最慢的是（　　）。

A. RS-232　　　　B. RS-485　　　　C. RS-485BD　　　　D. RS-422

（2）使用 RS-232C 接口时，理论距离一般不大于（　　　）米。

A. 5　　　　　　　B. 10　　　　　　　C. 15　　　　　　　D. 20

2. 判断题

RS-232C 传输速率较低，在异步传输时，波特率最大为 19200 bps。（　　　）

【理论抽考项目】

一、可编程控制器的读、写及状态控制的数据流图

1. 单选题

（1）在 MELSOFT 系列 GX Developer 编程软件中，读取可编程控制器的程序图标是（　　　）。

A. 　　　　B. 　　　　C. 　　　　D.

（2）在 MELSOFT 系列 GX Developer 编程软件中，将编辑好的程序写入可编程控制器的程序图标是（　　　）

A. 　　　　B. 　　　　C. 　　　　D.

2. 判断题

可编程控制器由 CPU、存储器、输入/输出组件、编程器等外部设备、电源组成。（　　　）

二、通信介质

1. 单选题

下列传播数据最快的是（　　　）。

A. 同轴电缆　　　　B. 双绞线　　　　C. 光纤

2. 判断题

（1）同轴电缆是先由两根同轴心、相互绝缘的圆柱形金属导体构成基本单元（同轴对），再由单个或多个同轴对组成的电缆。（　　　）

（2）同轴电缆传导的是直流电而并非交流电。（　　　）

（3）同轴电缆的优点是可以在相对长的无中继器的线路上支持高带宽通信。（　　　）

（4）双绞线是综合布线工程中最常用的一种传输介质。（　　　）

（5）双绞线（Twisted Pair）是由两条相互绝缘的导线按照一定的规格互相缠绕（一般以逆时针缠绕）在一起而制成的一种通用配线，属于信息通信网络传输介质。（　　　）

（6）非屏蔽双绞线既可以传输模拟数据也可以传输数字数据。（　　　）

（7）光纤是光导纤维的简写，是一种利用光在玻璃或塑料制成的纤维中的全反射原理而达成的光传导工具。（　　　）

三、开放系统互连模型

1. 单选题

(1) OSI 协议将网络通信过程划分为( )个独立的功能组(层次),并为每个层次制定一个标准框架。

A. 五 B. 六 C. 七 D. 八

(2) OSI 的层结构,第一层是( )。

A. 物理层 B. 链路层 C. 网络层 D. 传输层

2. 判断题

为了实现不同厂家的计算机系统之间以及不同网络之间的数据通信,国际标注化组织 ISO 对当时的各类计算机网络体系进行了结构模型作为国际标准,称为开放系统互连参考模型。( )

四、令牌总线

判断题

(1) 令牌总线是一种在总线拓扑结构中利用令牌(Token)作为控制节点访问公共传输介质的确定型介质访问控制方法。在采用令牌总线方法的局域网中,任何一个结点只有在取得令牌后才能使用共享总线去发送数据。( )

(2) 令牌总线是一个使用令牌通过接入到一个总线拓扑的局域网架构。( )

(3) 与 CSMA/CD 方法相比,令牌总线方法比较复杂,需要完成大量的环维护工作,包括环初始化、新结点加入环、结点从环中撤出、环恢复和优先级服务。( )

附录四

参 考 答 案

模块一　软件的认识与操作

【实践必考项目】

一、GX Developer 编程软件安装

1. 环境安装

附图 4.1

2. 软件安装（序列号）

附图 4.2

二、GX Developer 编程软件程序的输入和编辑

1. 输入程序

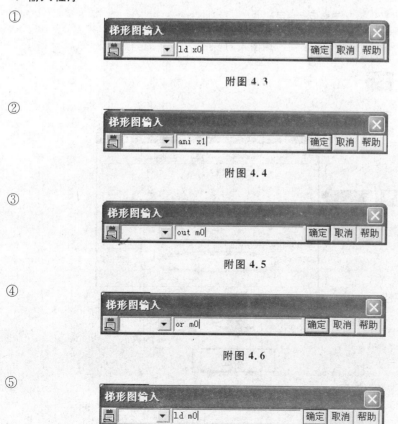

① 附图 4.3

② 附图 4.4

③ 附图 4.5

④ 附图 4.6

⑤ 附图 4.7

⑥

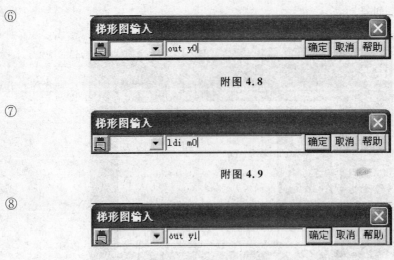

附图 4.8

⑦

附图 4.9

⑧

附图 4.10

2. 程序的编译及保存

① 手动编译:

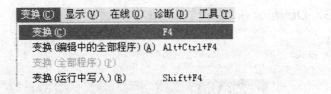

附图 4.11

② 快捷键编译: F4

③ 保存:

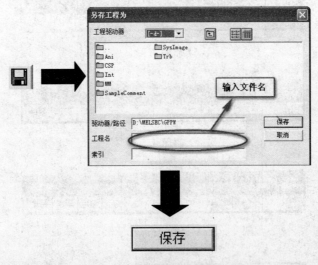

附图 4.12

三、GX Developer 编程软件程序的下载

1. 正常下载

①

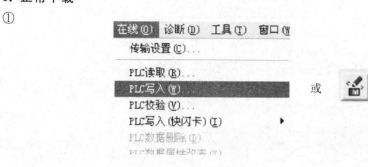

附图 4.13

②

附图 4.14

2. 非正常下载

①

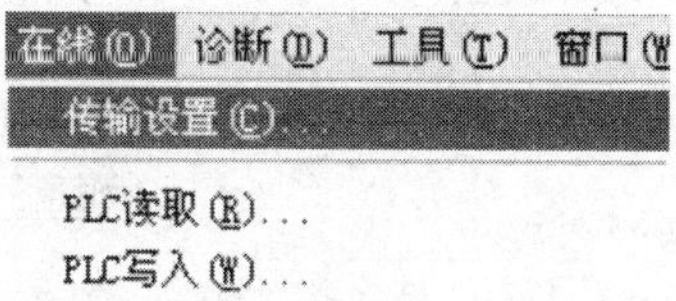

附图 4.15

②

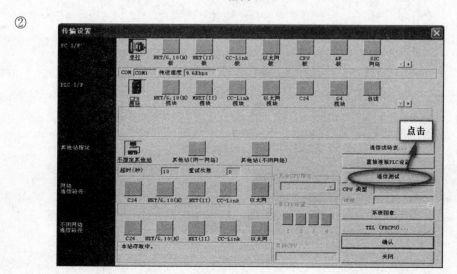

附图 4.16

③

附图 4.17

四、GX Simulator6 - C 仿真软件的安装

① 产品密钥与编程软件的密钥是一样的；

② 仿真软件必须与编程软件安装在同一目录下。

五、GX Simulator6 - C 仿真软件的基本操作

1. 仿真软件的使用

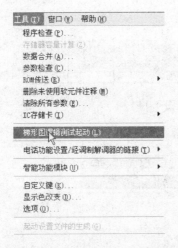

附图 4.18

软件操作：

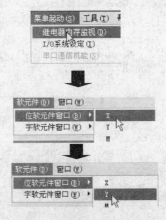

附图 4.19

双击 X 即可看出 Y 点状态。

2. 时序图查看

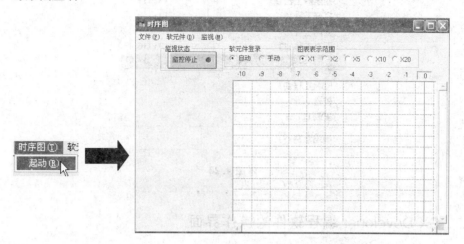

附图 4.20

3. 正确的时序图

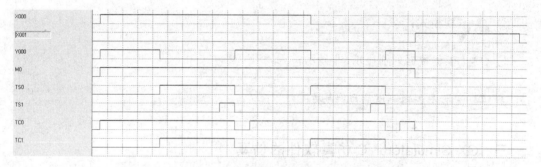

附图 4.21

【实践抽考项目】

一、GX Developer 编程软件工程文件的管理

① 找到程序所在位置，并更改。

附图 4.22

②

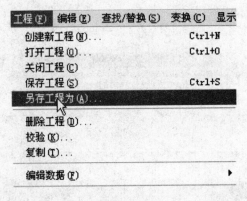

附图 4.23

二、GX Developer 编程软件的操作界面

① 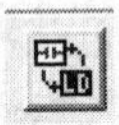 梯形图/指令表显示切换；

② 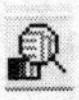 监视模式；

③ 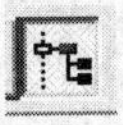 工程数据列别显示/非显示；

④ 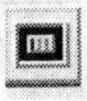 梯形图逻辑测试启动/结束。

三、GX Simulator6‑C 仿真软件的仿真

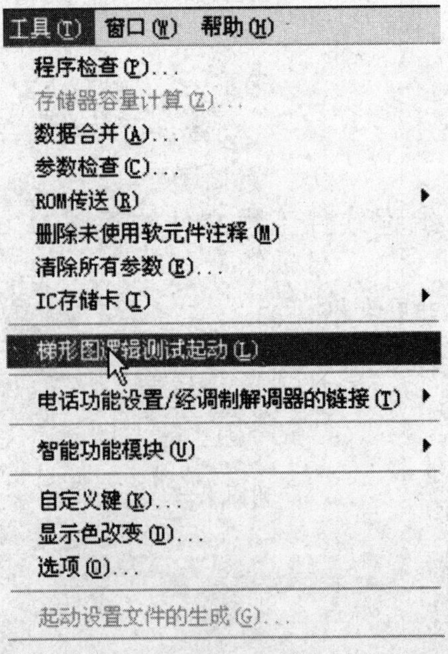

工具(T)　窗口(W)　帮助(H)

程序检查(P)...
存储器容量计算(Z)...
数据合并(A)...
参数检查(C)...
ROM传送(R)　　　　　　　▶
删除未使用软元件注释(M)
清除所有参数(E)...
IC存储卡(I)　　　　　　　▶

梯形图逻辑测试起动(L)

电话功能设置/经调制解调器的链接(T) ▶

智能功能模块(U)　　　　　▶

自定义键(K)...
显示色改变(D)...
选项(O)...

起动设置文件的生成(G)...

附图 4.24

1. 仿真软件的使用

软件操作：

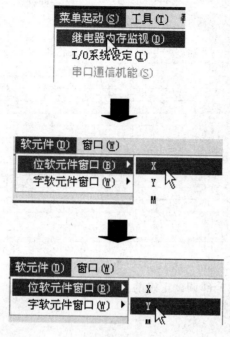

附图 4.25

双击 X 即可看出 Y 点状态。

2. 时序图查看

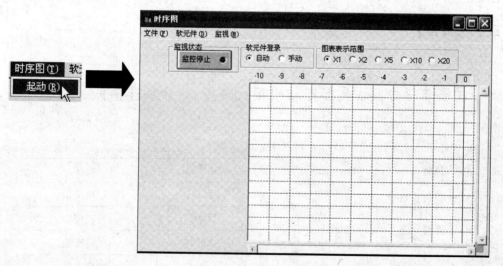

附图 4.26

3. 正确的时序图

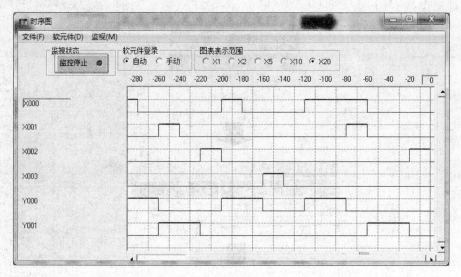

附图 4.27

将所有使用的案例功能全部调试正确的为成功。

模块二　PLC 基本指令系统与编程

【实践必考项目】

一、用基本指令实现异步电动机正反转控制(双重连锁)

附表 4.1　I/O 表

类别	元件	元件号	备注
输入	SB1	X000	停止按钮
	SB2	X001	正转按钮
	SB3	X002	反转按钮
	FR	X014	热继电器
输出	KM1	Y000	正转线圈
	KM2	Y001	反转线圈

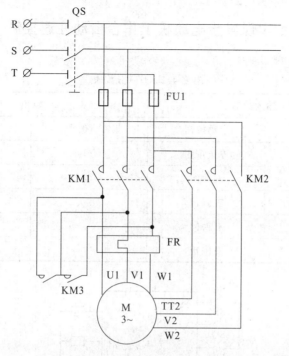

附图 4.28 PLC 外部接线图

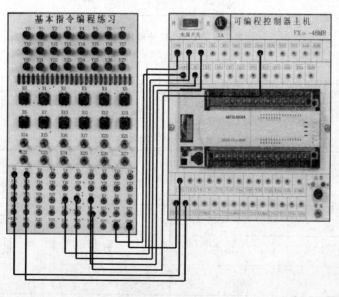

附图 4.29 接线图

二、用基本指令实现异步电动机工作台自动往返控制

附表 4.2 I/O 分配表

输入		输出	
X0	启动按钮	Y0	右转
X1	停止按钮	Y1	左转
X2	左换向	Y2	报警灯
X3	左限位		
X4	右换向		
X5	右限位		

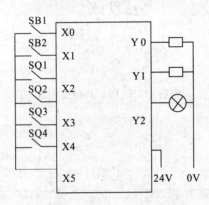

附图 4.30 PLC 外部接线图

三、用基本指令实现异步电动机工作台自动往返控制(加入定时器)

附表 4.3 I/O 分配表

输入		输出	
X0	启动按钮	Y0	右转
X1	停止按钮	Y1	左转
X2	左换向	Y2	报警灯
X3	左限位		
X4	右换向		
X5	右限位		

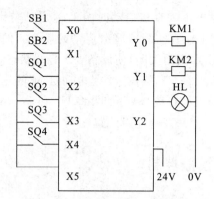

附图 4.31 PLC 外部接线图

四、三相异步电动机的星三角换接启动控制

SS—X0（启动按钮）；ST—X1（停止按钮）；FR—X2（热继电器辅助触点）。

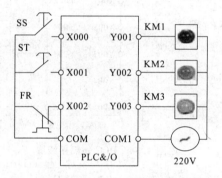

附图 4.32 PLC 外部接线图

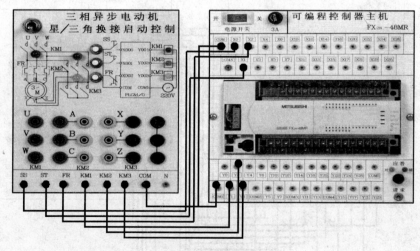

附图 4.33 接线图

　　Y-△启动是指启动时电动机绕组接成星形，启动结束进入运行状态后，电动机绕组接成三角形。在启动时，电机定子绕组因是星形接法，所以每相绕组所受的电压降低到运行电

压的 $\sqrt{1/3}$（约 57.7%），启动电流为直接启动时的 1/3，启动转矩也同时减小到直接启动的 1/3，所以这种启动方式只能工作在空载或轻载启动的场合。例如，轴流风机启动时应将出风阀门打开，离心水泵应将出水阀门关闭，使设备处于轻载状态。附图 4.33 是电动机 Y-△ 启动的一次电路图，U1-U2、V2-V2、Wl-W2 是电动机 M 的三相绕组。如果将 U2、V2 和 W2 在接线盒内短接，则电动机被接成星形；如果将 U1 和 W2、V1 和 U2、W1 和 V2 分别短接，则电动机被接成三角形。

五、四节传送带的模拟控制

I/O 分配

输入：启动 SB1-X0，停止 SB2-X5，负载 A-X1、B-X2、C-X3、D-X4；
输出：KM1-Y1，KM2-Y2，KM3-Y3，KM4-Y4。

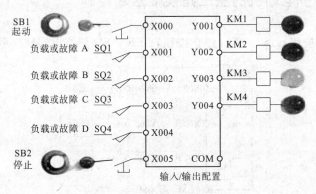

附图 4.34　PLC 外部接线图

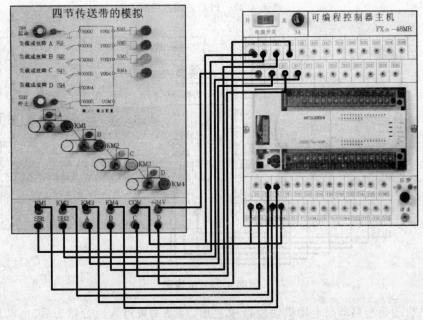

附图 4.35　接线图

六、自动门控制

附表 4.4 I/O 分配表

类别	元件	元件号	备注
输入	SQ1	X000	从内向外光电检测开关
	SQ2	X001	由外到内光电检测开关
	SQ3	X002	开门限位开关
	SQ4	X003	关门限位开关
输出	KM1	Y000	开门接触器线圈
	KM2	Y001	关门接触器线圈

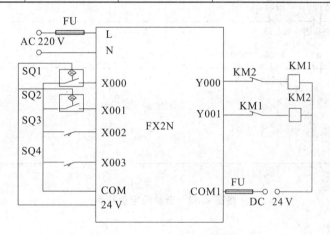

附图 4.36 PLC 外部接线图

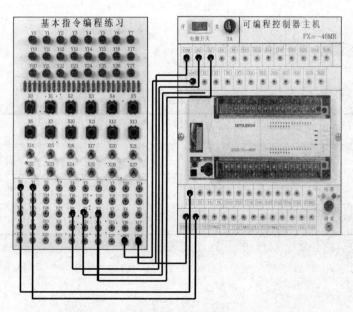

附图 4.37 自动门控制实训接线图

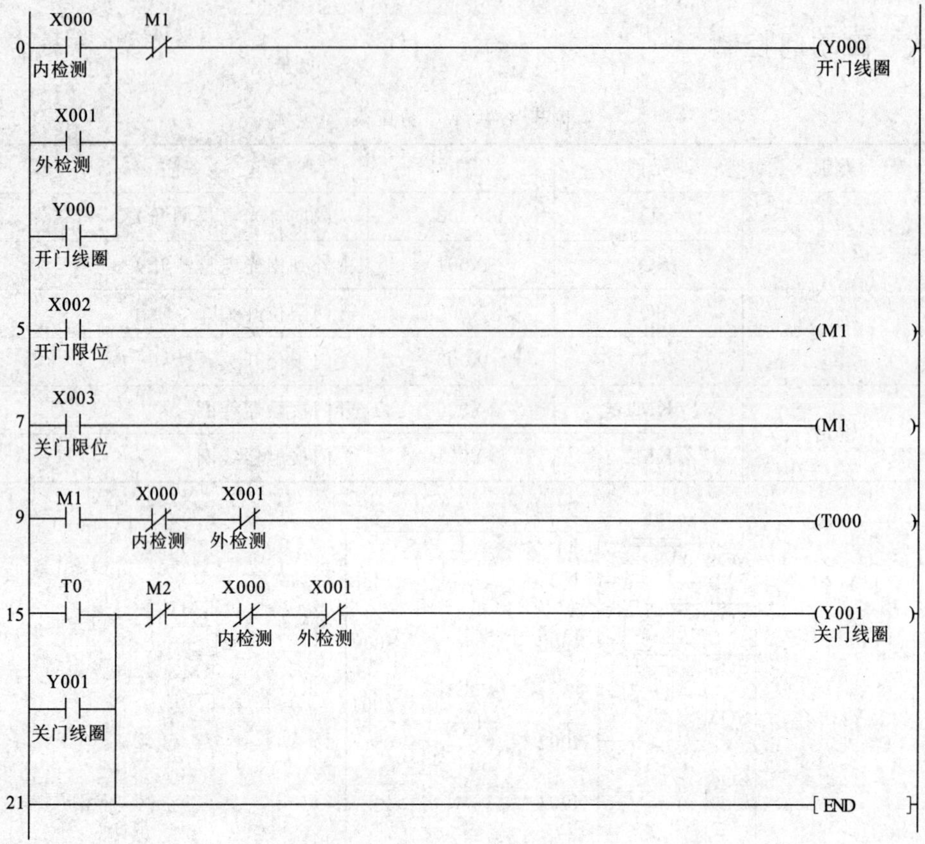

附图 4.38　自动门控制程序

【实践抽考项目】

一、空调水泵启动保护控制

附表 4.5　I/O 分配表

类别	元件	元件号	备注
输入	SB1	X000	启动空调水泵
	SB2	X001	停止空调水泵
输出	KM1	Y000	水泵电机

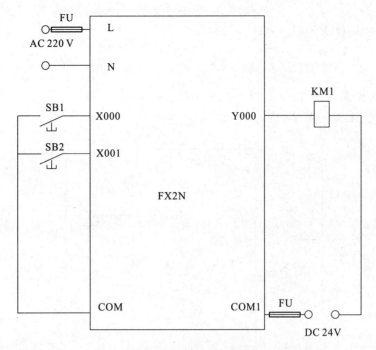

附图 4.39　PLC 外部接线图

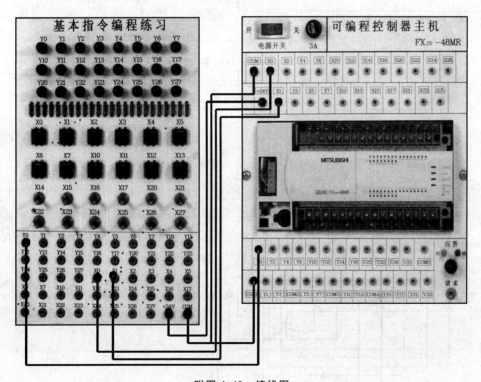

附图 4.40　接线图

二、水塔水位控制

I/O 分配：

输入：水塔位置控制 S1-X0、S2-X1、S3-X2、S4-X3；

输出：电机 M-Y0、阀 Y-Y1。

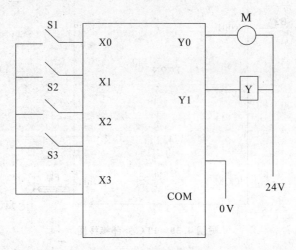

附图 4.41　PLC 接线图

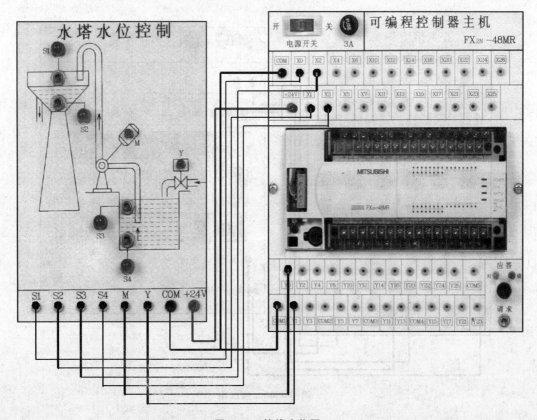

图 4.42　接线实物图

三、交通灯控制

I/O 分配：

输入：启动 SD-X0；

输出：南北红 R-Y2、南北黄 Y-Y1、南北绿 G-Y0、东西红 R-Y5、东西黄 Y-Y4、东西
　　　绿 G-Y3。

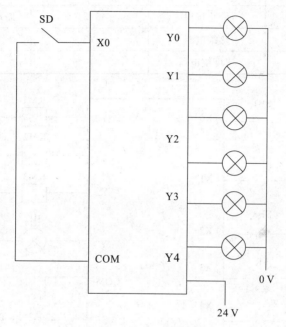

附图 4.43　PLC 外部接线图

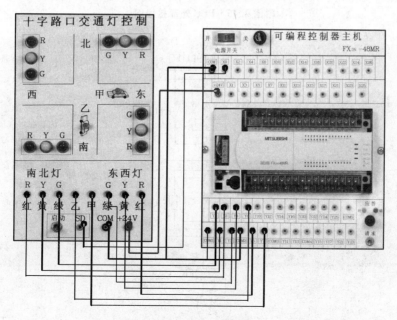

附图 4.44　接线图

四、用基本指令实现异步电动机的双向反接制动控制

附表 4.6 I/O 分配表

输入		输出	
X0	正转按钮	Y0	正转继电器 KM1
X1	反转按钮	Y1	反转继电器 KM2
X2	停止按钮	Y2	制动继电器 KM3
X3	热继电器	Y3	异常指示灯
X4	速度继电器		

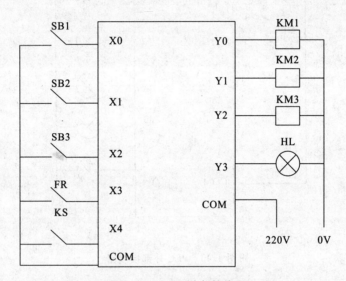

附图 4.45 PLC 外部接线图

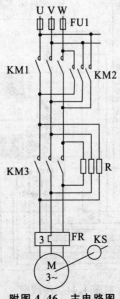

附图 4.46 主电路图

五、用基本指令实现双速异步电动机的控制

附表 4.7　I/O 分配表

输入		输出	
X0	启动按钮	Y0	KM1
X1	停止按钮	Y1	KM2
X2	热继电器	Y2	KM3
		Y3	异常报警指示

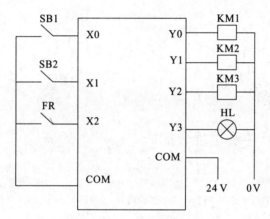

附图 4.47　PLC 外部接线图

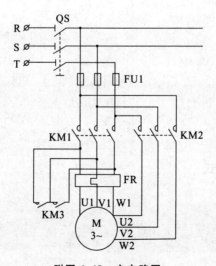

附图 4.48　主电路图

【理论必考项目】

一、可编程序控制器的特点

1. 单选题

(1) D   (2) C   (3) A   (4) D   (5) B

2. 判断题

(1) √   (2) √   (3) √   (4) ×   (5) ×

二、可编程控制器的组成

1. 单选题

(1) C   (2) A   (3) D   (4) A   (5) A

2. 判断题

(1) ×   (2) √   (3) √   (4) ×   (5) √

三、FX 系列软元件及地址分配

1. 单选题

(1) B   (2) A   (3) C   (4) B   (5) D

2. 判断题

(1) √   (2) ×   (3) ×   (4) √   (5) √

四、PLC 有哪些编程语言

1. 单选题

(1) A   (2) B   (3) B   (4) C   (5) D

2. 判断题

(1) √   (2) √   (3) √   (4) ×   (5) ×

五、指令的基本格式

1. 单选题

(1) A   (2) C   (3) C   (4) B   (5) C

2. 判断题

(1) √   (2) ×   (3) √   (4) ×   (5) ×

六、梯形图设计规则

1. 单选题

(1) A　(2) B　(3) A　(4) D

2. 判断题

(1) √　(2) ×　(3) √　(4) √　(5) √

【理论抽考项目】

一、可编程序控制器定义

1. 单选题

(1) B　(2) A　(3) A　(4) B　(5) B

2. 判断题

(1) ×　(2) √　(3) √　(4) √　(5) ×

二、可编程控制器直接设计法

1. 单选题

(1) B　(2) A　(3) B　(4) D

2. 判断题

(1) √　(2) √　(3) √　(4) ×　(5) √

三、可编程控制器逻辑设计法

1. 单选题

(1) B　(2) C　(3) C　(4) A

2. 判断题

(1) √　(2) ×　(3) √　(4) √　(5) ×

四、PLC 的硬件系统结构图

1. 单选题

(1) C　(2) B　(3) C　(4) C　(5) D

2. 判断题

(1) √　(2) ×　(3) ×　(4) √　(5) ×

五、PLC 的编程规则

1. 单选题
(1) B　(2) C　(3) A　(4) C

2. 判断题
(1) √　(2) ×　(3) √　(4) √

模块三　PLC 步进指令与编程

【实践必考项目】

一、单序列步进指令应用

附表 4.8　I/O 表

输入	PLC-I	输出	PLC-O
启动 SB1	X0	正转 KM1	Y0
SQ1	X1	反转 KM2	Y1
SQ2	X2		
SQ3	X3		

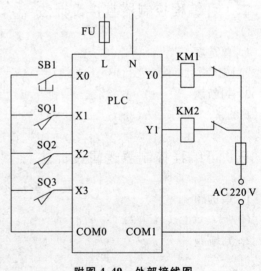

附图 4.49　外部接线图

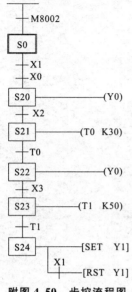

附图 4.50 步控流程图

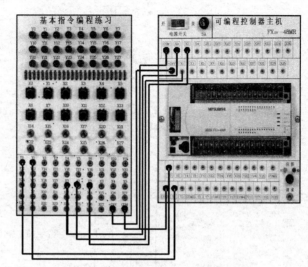

附图 4.51 实训台的导线连接示意图

二、循环步进指令应用

附表 4.9 I/O 表

输入	PLC−I	输出	PLC−O
启动 SB1	X0	KM	Y0

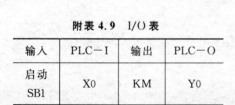

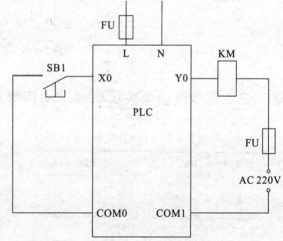

附图 4.52 外部接线图

X0 在程序中应使用上升沿触发：

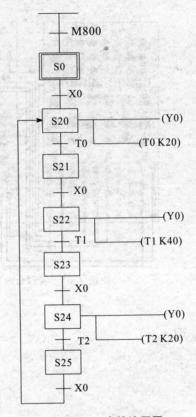

附图 4.53　步控流程图

三、用步进指令实现机械手动作模拟

附表 4.10　I/O 分配表

输入	PLC-I	输出	PLC-O
启动	X0	原点指示	Y0
上限位	X1	上行	Y1
下限位	X2	下行	Y2
左限位	X3	左行	Y3
右限位	X4	右行	Y4
		夹紧	Y5

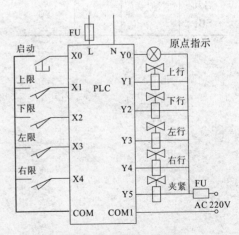

附图 4.54　外部接线图

此处的启动按钮才用上升沿触发：

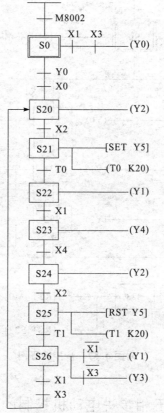

附图 4.55　步控流程图

【实践抽考项目】

一、选择步进指令应用

附表 4.11　I/O 分配表

输入	PLC－I	输出	PLC－O
启动 SB1	X0	泡沫清洗机 KM1	Y0
功能开关 SA1	X1	清水清洗机 KM2	Y1
		风干机 KM3	Y2

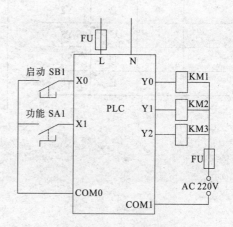

附图 4.56　外部接线图

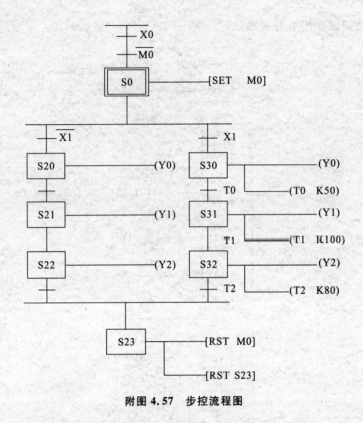

附图 4.57　步控流程图

二、用步进指令实现五相步进电动机控制的模拟

附表 4.12　I/O 分配表

元件	PLC−I	元件	PLC−O
启动 SD	X0	A	Y1
		B	Y2
		C	Y3
		D	Y4
		E	Y5

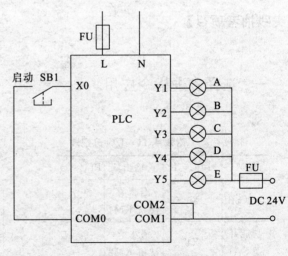

附图 4.58　外部接线图

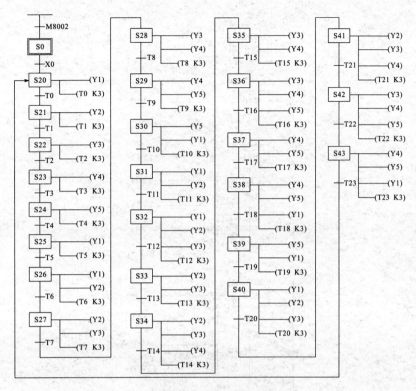

附图 4.59 步控流程图

三、用步进指令实现天塔之光编程

附表 4.13 I/O 分配表

输入	PLC-I	输出	PLC-O
启动 SB1	X0	L1	Y0
		L2	Y1
		L3	Y2
		L4	Y3
		L5	Y4
		L6	Y5
		L7	Y6
		L8	Y7
		L9	Y10

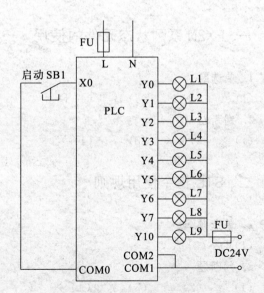

附图 4.60 外部接线图

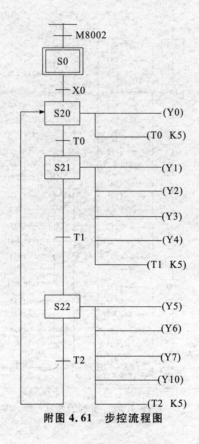

附图 4.61　步控流程图

【理论必考项目】

一、FX2N 系列状态元件的使用

1. 单选题
(1) A　　(2) C　　(3) B　　(4) D

2. 判断题
(1) ×　　(2) ×　　(3) √　　(4) ×

二、STL 指令使用规则

2. 单选题
(1) D　　(2) A

2. 判断题
(1) ×　　(2) √　　(3) √　　(4) ×　　(5) √　　(6) √　　(7) ×　　(8) √　　(9) √
(10) √

三、使用 STL 指令的编程方法

1. 单选题

(1) A　(2) A　(3) C　(4) B

2. 判断题

(1) √　(2) √　(3) √　(4) ×　(5) ×　(6) ×　(7) √　(8) ×　(9) √

(10) ×　(11) √

四、掌握状态流程图

1. 单选题

(1) D　(2) A　(3) B

2. 判断题

(1) √　(2) √　(3) ×　(4) √　(5) √

【理论抽考项目】

一、STL 指令的优点

判断题

(1) √　(2) √　(3) ×　(4) √

二、步进顺控程序编程的设计步骤

1. 单选题

D

2. 判断题

(1) ×　(2) √　(3) √

模块四　PLC 的高级应用

【实践必考项目】

一、通过编程实现 PLC 两台主机之间相互通讯

附表 4.14　I/O 分配表

	原件	原件号	备注
	X11(0 号站)	SB11(0 号站)	
	X12(0 号站)	SB12(0 号站)	
	X13(0 号站)	SB13(0 号站)	
	X14(0 号站)	SB14(0 号站)	
	X15(0 号站)	SB15(0 号站)	
	X16(0 号站)	SB16(0 号站)	
	X17(0 号站)	SB17(0 号站)	
输入	X1(1 号站)	SB1(1 号站)	
	X2(1 号站)	SB2(1 号站)	
	X3(1 号站)	SB3(1 号站)	
	X4(1 号站)	SB4(1 号站)	
	X5(1 号站)	SB5(1 号站)	
	X6(1 号站)	SB6(1 号站)	
	X7(1 号站)	SB7(1 号站)	

续表

	原件	原件号	备注
输出	Y11(0 号站)		
	Y12(0 号站)		
	Y13(0 号站)		
	Y14(0 号站)		
	Y15(0 号站)		
	Y16(0 号站)		
	Y17(0 号站)		
	Y1(1 号站)		
	Y2(1 号站)		
	Y3(1 号站)		
	Y4(1 号站)		
	Y5(1 号站)		
	Y6(1 号站)		
	Y7(1 号站)		

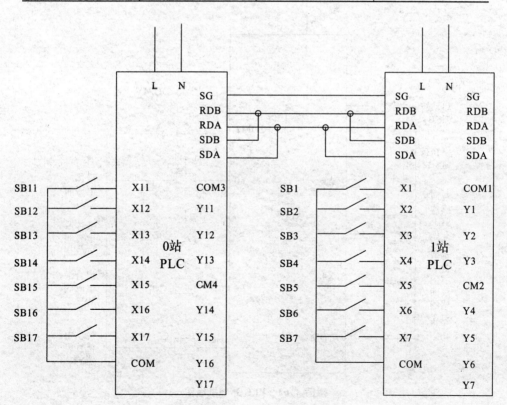

附图 4.62　PLC 外部接线图

二、液体混合装置控制的模拟

附表 4.15   I/O 分配表

	原件	原件号	备注
输入	X0	启动按钮 SB1	
	X1	停止按钮 SB2	
	X2	液面传感器 SL1	
	X3	液面传感器 SL2	
	X4	液面传感器 SL3	
输出	Y0	液体 A 电磁阀 YV1	
	Y1	液体 B 电磁阀 YV2	
	Y2	混合液电磁阀 YV3	
	Y3	搅动电机接触器 YKM	

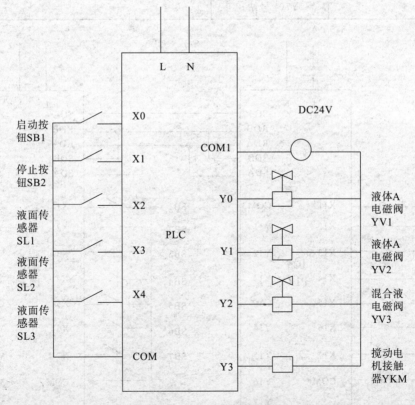

附图 4.63   PLC 外部接线图

【实践抽考项目】

一、四工位呼叫小车控制

附表 4.16　I/O 分配表

	元件	元件号	备注
输入	SB1	X10	
	SB2	X11	
	SB3	X12	
	SB4	X13	
	SQ1	X0	
	SQ2	X1	
	SQ3	X2	
	SQ4	X3	
	启动按钮	X20	
	停止按钮	X21	
输出	电机正转接触器	Y0	
	电机反转接触器	Y1	

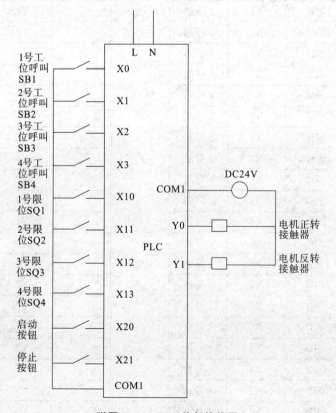

附图 4.64　PLC 外部接线图

二、通过编程实现 PLC 多台主机之间相互通讯

附表 4.17 I/O 分配表

元件	元件号	备注		元件	元件号	备注
SB1	X1	0 号站			Y1	0 号站
SB2	X2	0 号站			Y2	0 号站
SB3	X3	0 号站			Y3	0 号站
SB4	X4	0 号站			Y4	0 号站
SB5	X5	0 号站			Y5	0 号站
SB6	X6	0 号站			Y6	0 号站
SB7	X7	0 号站			Y7	0 号站
SB1	X1	1 号站			Y1	1 号站
SB2	X2	1 号站			Y2	1 号站
SB3	X3	1 号站			Y3	1 号站
SB4	X4	1 号站			Y4	1 号站
SB5	X5	1 号站			Y5	1 号站
SB6	X6	1 号站			Y6	1 号站
SB7	X7	1 号站			Y7	1 号站
SB1	X1	2 号站			Y1	2 号站
SB2	X2	2 号站			Y2	2 号站
SB3	X3	2 号站			Y3	2 号站
SB4	X4	2 号站			Y4	2 号站
SB5	X5	2 号站			Y5	2 号站
SB6	X6	2 号站			Y6	2 号站
SB7	X7	2 号站			Y7	2 号站
SB1	X1	3 号站			Y1	3 号站
SB2	X2	3 号站			Y2	3 号站
SB3	X3	3 号站			Y3	3 号站
SB4	X4	3 号站			Y4	3 号站
SB5	X5	3 号站			Y5	3 号站
SB6	X6	3 号站			Y6	3 号站
SB7	X7	3 号站			Y7	3 号站
SB1	X1	4 号站			Y1	4 号站
SB2	X2	4 号站			Y2	4 号站
SB3	X3	4 号站			Y3	4 号站
SB4	X4	4 号站			Y4	4 号站
SB5	X5	4 号站			Y5	4 号站
SB6	X6	4 号站			Y6	4 号站
SB7	X7	4 号站			Y7	4 号站

输入   输出

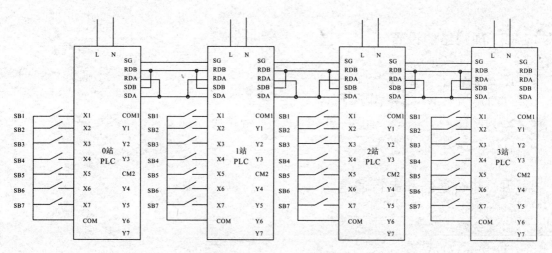

附图 4.65 PLC 外部接线图

【理论必考项目】

一、三菱可编程控制器的通讯类型

1. 单选题
A
2. 判断题
(1) √ (2) √

二、在无协议通讯(RS 指令)和计算机链接之间进行通讯设置

1. 单选题
(1) B (2)B (3) C (4) D (5) A
2. 判断题
(1) √ (2) √ (3) × (4) √

三、三菱可编程控制器的通讯站号的设置

1. 单选题
(1) A (2) A (3) D
2. 判断题
×

四、N 网络的设置

1. 单选题
(1) D　(2) B　(3) D　(4) A
2. 判断题
(1) √　(2) √　(3) ×

五、并行通信和串行通信

1. 单选题
(1) B　(2) A
2. 判断题
(1) √　(2) √　(3) √

六、单工和双工通信

1. 单选题
B
2. 判断题
×

七、同步和异步通信

1. 单选题
(1) D　(2) C
2. 判断题
(1) √　(2) ×　(3) ×

八、RS232 通信接口引脚信号定义和连接

1. 单选题
(1) A　(2) C
2. 判断题
√

【理论抽考项目】

一、可编程控制器的读、写及状态控制的数据流图

1. 单选题
(1) A　(2) B
2. 判断题
√

二、通信介质

1. 单选题
C
2. 判断题
(1) √　(2) ×　(3) √　(4) √　(5) √　(6) √　(7) √

三、开放系统互连模型

1. 单选题
(1) C　(2) A
2. 判断题
√

四、令牌总线

判断题
(1) √　(2) √　(3) √